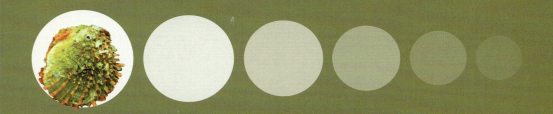

Collection
of Seashells

海贝采集与收藏

主编◎冯广明　　副主编◎尉鹏　　文稿编撰◎张素萍　车文烨　　图片统筹◎赵冲

中国海洋大学 出版社
CHINA OCEAN UNIVERSITY PRESS

"神奇的海贝"丛书

总主编　张素萍

编委会

主　任　杨立敏

副主任　张素萍　李夕聪　魏建功

委　员（以姓名笔画为序）

王　洋　王　晓　冯广明　朱　柏　乔　诚

刘宗寅　李学伦　李建筑　吴欣欣　赵　冲

徐永成　郭　利　尉　鹏

总策划

杨立敏　李夕聪

执行策划

冯广明　郭　利

神奇的海贝，
带你走进五彩缤纷的海贝世界

亲爱的青少年朋友，当你漫步海边，可曾俯身捡拾海滩上的零星海贝？当你在礁石上玩耍时，可曾想到有多少种海贝以此为家？当你参观贝类博物馆时，千姿百态的贝壳可曾让你流连忘返？来，"神奇的海贝"丛书，带你走进五彩缤纷的海贝世界。

贝类，又称软体动物。目前全球已知的贝类约有11万种之多，其中绝大多数为海贝。海贝是海洋生物多样性的重要组成部分，其中很多种类具有较高的经济、科研和观赏价值，它们有的可食用、有的可药用、有的可观赏和收藏等。海贝与人类的生活密切相关，早在新石器时代，人们就开始观察和利用贝类了。在人类社会的发展进程中，海贝一直点缀着人类的生活，也丰富着人类的文化。

我国是海洋大国，拥有漫长的海岸线，跨越热带、亚热带和温带三个气候带，有南海、东海、黄海和渤海四大海区，管辖的海域垂直深度从潮间带延伸至千米以上。各海区沿岸潮间带和近海生态环境差异很大，不同海洋环境中生活着不同的海贝。据初步统计，我国已发现的海贝达4000余种。

现在，国内已出版了许多海贝相关书籍，但专门为青少年编写的集知识性和趣味性于一体的海贝知识丛书却并不多见。为了普及海洋贝类知识，让更多的人认识海贝、了解海贝，我们为青少年朋友编写了这套科普读物——"神奇的海贝"丛书。这套丛书图文并茂，将为你全方位地呈现海贝知识。

"神奇的海贝"丛书分为《初识海贝》、《海贝生存术》、《海贝与人类》、《海贝传奇》和《海贝采集与收藏》五册。从不同角度对海贝进行了较全面的介绍，向你展示了一个神奇的海贝世界。《初识海贝》展示了海贝家族的概貌，系统地呈现海贝现存的七个纲以及各纲的主要特征等，可使你对海贝世界形成初步印象。《海贝生存术》按照海贝的生存方式和生活类型，介绍了海贝在错综复杂的生态环境中所具备的生存本领，在讲述时还配以名片夹来介绍一些常见海贝。《海贝与人类》揭示了海贝与人类物质生活和精神生活等方面的关系，着重介绍海贝在衣、食、住、行、乐等方面所具有的不可磨灭的贡献。《海贝传奇》则选取了10余种具有传奇色彩的海贝进行专门介绍，它们有的身世显赫，有的造型奇特，有的色彩缤纷。《海贝采集与收藏》系统讲述了海贝的生存环境、海贝采集方式和寻贝方法，介绍了一些著名的采贝胜地，讲解了海贝收藏的基本要领，带你进入一个海贝采集和收藏的世界。丛书中生动的故事和精美的图片，定会让你了解到一个精彩纷呈的海贝世界。

　　丛书中的许多图片由张素萍、王洋、尉鹏、吴景雨、史令和陈瑾等提供，这些图片主要来自他们的原创和多年珍藏。另有部分图片是用中国科学院海洋生物标本馆收藏的贝类标本所拍摄，在此一并表示感谢！限于水平，加之编写时间较为仓促，书中难免存在错误和不当之处，敬请大家批评指正。

张素萍

2015年2月，于青岛

前言
Preface

　　也许是你在漫步海滩时随手捡到几枚有着漂亮花纹的贝壳，便生出想要搜集并保存这些可爱小贝壳的想法；也许你已是被贝壳的魅力所打动的贝类爱好者，想更好地采集并珍藏这来自蔚蓝海洋鬼斧神工般的杰作。

　　这本《海贝采集与收藏》，可以为你展示一卷细致的"藏贝图"，带你寻找海贝的藏身之处，发现仙境般的采贝胜地；可以告诉你采集海贝的工具和方法，教你把小铲子、小刷子等日常用具变成采贝的好帮手，教你怎样"温柔"地对待这些精致的海贝；可以让你了解贝类收藏的方法及注意事项，教你如何细致地照顾贝壳，让贝壳长久保持干净、漂亮，避免"生病"；还可以和你分享与海贝采集、收藏有关的动人故事，将有趣的采贝游记、贝壳收藏的渊源讲给你听……

一枚贝壳里留存着海的味道，令人回味，感受着海洋无限的魅力，谨将《海贝采集与收藏》献给想要留住贝壳美丽的人，愿你的生活因为有贝壳的陪伴而愉悦。在此，也真诚感谢张素萍老师、尉鹏、王洋、吴景雨和青岛贝壳博物馆为我们提供的精美图片。

　　就让我们一起开始奇妙的海贝采集与收藏之旅吧。

目 录
Contents

收藏篇

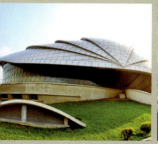

采集篇

　　贝壳收藏需具备丰富的贝类学知识。日益完备的生物分类学知识体系，给贝壳收藏提供了有利的条件，使收藏贝壳成为产业。贝壳分类前必须大量采集标本，分门别类总结，因此光靠学者的研究是远远不够的，更需要贝类爱好者自发地前往地球的每个角落去找到标本、采集标本、积累标本。

海贝寻踪

海贝，作为海洋无脊椎动物家族的重要成员，已经在我们这个星球上生存了亿万年。在漫长的历史演变过程中，它们不断地改变着自己的外貌和身体结构，以便更好地适应海洋环境和气候的变化。现在，每年仍然会有许多新的海贝物种被发现，这一方面得益于科学技术的进步，另一方面也要归功于贝类学研究与贝壳收藏文化在全世界的推广和普及。无论是进行海贝科学研究，还是将海贝作为艺术品收藏，人类认知海贝的第一步都是要学会如何寻找它们。

海洋环境简介

要寻找和采集自己所喜欢或需要的海贝，你应该先了解一下海洋环境。

海洋生物的生活环境可分为水底区和水层区两部分。

● 大海

水底区

水底区也称底栖区，指被海水浸没的海底和海岸，包括高潮时海浪冲击到的全部海底区域。这一区域又可分为潮间带、潮下带与深海。

● 潮间带

潮间带是指大潮在高潮时海浪能波及的高潮线和大潮时海水退到最低的地方之间的这一片区域。潮间带有岩石岸、珊瑚礁、石砾、沙滩、泥沙滩和红树林之分；也有高潮带、中潮带与低潮带之分。这一地带光线充足，受潮汐和波浪作用大，同时受陆地影响也较大。对海贝来说，此处食物丰富，种类较多。

● 潮下带

潮下带是指大陆架区域，通常是指从潮间带低潮线至水深 200 米处这一范围。在这一地带生活的海贝种类最多。

● 深海

深海包括了深海带、深渊带与超深渊带。深海带指水深 200 ~ 4000 米的海底区域；深渊带指深海带以下水深 4000 ~ 6000 米的海底区域；超深渊带指深渊带以下水深超过 6000 米的海底区域。整个深海的环境特点是光线极微弱或完全无光。这一地带仍有海贝生活，但种类较少。

水层区

水层区是指整个海洋的水体部分，又可细分为浅海带和大洋带，两者大约以水深200米为界限。水层区中主要生活有营浮游生活的海贝（如海蜗牛、龟螺等）以及营游泳生活的海贝（如头足纲中的乌贼和枪乌贼等）。

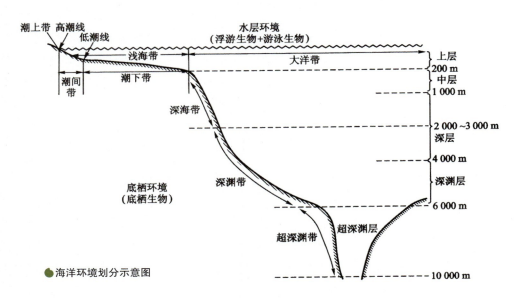

● 海洋环境划分示意图

了解了海洋环境后，我们接着介绍一下海贝采集的具体知识。

海岸拾贝

海岸是人们最容易接触到海贝的地方，因为那里是陆地与海洋的交界处。也许是不经意间的尝试，人们发现海贝不仅可以成为美味的食物，其贝壳还可供观赏或做成美丽的装饰品，这引起了人们对海贝的极大兴趣。今天，人们热衷于对海贝进行全方位的研究、利用与收藏，这些都离不开海贝的采集。而去海岸捡拾海贝则是最直接、最便利、最有效的采集方式之一。由于海岸类型不同，我们能找到的海贝也不尽相同。

岩礁海岸

岩礁海岸是潮间带中受海水物理作用最为剧烈的区域，潮涨潮落间，海浪一次次拍打着岩石，溅起雪白的浪花。能够在这里生活的海贝首先要具备抵御海浪巨大冲击的能力：

● 近距离下的岩礁海岸

它们的壳往往质地坚硬，结构合理，可以
将海浪作用在壳面上某一点的力量向四处
传导分散，从而避免受到伤害。同时，为
了不被海浪冲走，它们有的在壳表面上会
长出小突起，这样就可以把自己牢牢地卡
在岩石缝隙里；有的足面宽大，有着极强
的吸附力，可将自己吸附于岩石表面；有
的长有足丝，可以像缆绳一样把自己拴在
岩石或其他物体上。

● 岩礁海岸

● **生活在高潮带岩石上的短滨螺**

　　在岩礁上生活的海贝，通常具有一定的分布规律：在高潮带的礁石上和缝隙中，最常见的应是滨螺，它们的形状多呈陀螺形或圆锥形，过着非常紧密的"群居"生活，典型的如短滨螺、中间拟滨螺和小结节滨螺等，这些种类在我国海岸都可以采集到。

　　我们也可以在高潮带找到笠贝、帽贝、蜒螺和菊花螺等种类，如图中所呈现的嫁蝛与齿纹蜒螺，它们不太喜欢潮湿，最耐干燥，

● **群居的小结节滨螺和塔结节滨螺**

● 嫁蝛

● 齿纹蜒螺

只要有一点点浪花溅到这里，或者仅仅是潮湿的水蒸气都可以完全满足它们的需要了。尤其是菊花螺，它们用肺呼吸，可以长时间暴露在空气当中。

随着岩礁向海中不断延伸，在中潮带，牡蛎成片出现，常见的有长牡蛎、刺牡蛎和福建牡蛎等。

● 长牡蛎

● 刺牡蛎

　　贻贝和黑荞麦蛤等也是中潮带的优势种，它们会利用足丝成群地附着在牡蛎壳上或岩石缝隙中。

　　石鳖和一些较为原始的腹足纲在中潮带也比较常见，它们通过宽大的腹足紧紧吸附在岩礁表面或岩石缝隙间。

● 用足丝附着在岩石缝隙间的贻贝

骨螺科中的疣荔枝螺在岩石海岸的中、低潮带也会大量出现，并在此产卵繁殖后代。

●生活在中潮带岩石上的疣荔枝螺及其卵群

在低潮带附近的礁石上，马蹄螺科和蝾螺科的某些种类大量出现，如单齿螺、锈凹螺、粒花冠小月螺等，因为这里有丰富的食物来源——海藻。骨螺科的一些种

●日本花棘石鳖

● 生活在中潮带岩礁上的单齿螺和粒花冠小月螺

类，如内饰角口螺、黄口荔枝螺等也分布于此。它们会在涨潮之后爬到岩礁高处捕食牡蛎、贻贝等双壳贝类，在退潮时爬回原处把自己隐藏起来。

　　生活在岩礁海岸的海贝，有的尽管主要生活在中潮带，但也有些分布在高潮带；有的海贝在中潮带和低潮带都有分布。因此，在采集过程中应仔细观察，耐心寻找，这样才能采集到自己想要的海贝。

● 生活在珊瑚礁上的节蝾螺

● 生活在珊瑚礁上的马蹄螺

● 生活在珊瑚礁上的耳鲍

珊瑚礁海岸

　　珊瑚礁海岸是热带海域所特有的生态环境，这里水质清澈、营养物质较丰富，栖息着很多暖水性很强的海贝。腹足纲中比较常见的有耳鲍、大马蹄螺、马蹄螺、节蝾螺、夜光蝾螺等。它们以藻类作为主要的食物来源，特别喜欢生活在珊瑚礁海

● 珊瑚礁海岸

域藻类丛生的地方；宝贝科的很多种海贝都喜欢生活在珊瑚礁质环境中。它们在退潮后一般隐蔽在珊瑚礁的缝隙中或礁石下，仔细观察可以比较容易找到它们的踪迹，代表种有虎斑宝贝、阿文绶贝、眼球贝、货贝和环纹货贝等。

小·贴·士

宝贝

宝贝科海贝的壳表面光滑如瓷、花纹多样、色彩多变，是贝类收藏的热门类群。

● 生活在珊瑚礁间的环纹货贝

● 生活在珊瑚礁上的阿文绶贝

凤螺科中的篱凤螺、蜘蛛螺等也生活在藻类丛生的珊瑚礁间或临近礁石的沙滩上。

骨螺科中很多外形美观的小型海贝在珊瑚礁海域生活，如结螺属和核果螺属的种类，其中比较常见的有粒结螺、镶珠结螺、草莓结螺、核果螺、黄斑核果螺和刺核果螺等。它们都是珊瑚礁生态系统中的重要成员，在中潮带与低潮带的珊瑚礁间比较常见。我国的海南岛、西沙群岛和南沙群岛海域都有分布。

●蜘蛛螺

●珊瑚礁礁缝里的粒结螺和珠母小核果螺

芋螺科种类很多，也是珊瑚礁环境中常见的海贝，在我国主要分布于海南岛南部的珊瑚礁海岸、西沙群岛和南沙群岛等的岛礁上，是典型的热带种类。希伯来芋螺、黑芋螺、信号芋螺和地纹芋螺等生活在潮间带至浅水区的珊瑚礁中。

● 黑芋螺

● 生活在珊瑚礁间的希伯来芋螺

●生活在珊瑚礁间水洼中的后鳃类（指状二列鳃）

　　除了上述介绍的海贝，珊瑚礁中还有一些后鳃类的种类分布，如截尾海兔、瘤枝鳃海牛、指状二列鳃等。它们的部分种类（如海兔）可以游泳，能在退潮后于珊瑚礁间的水洼内生活。它们活着的时候大多色彩艳丽，但在用酒精将其保存时容易褪色和变形，美感程度大大降低。

●海菊蛤

　　生活在珊瑚礁质海底的双壳类海贝种类也十分丰富，海菊科海贝就是珊瑚礁环境中主要生物的一种，如尼科巴海菊蛤、多棘海菊蛤以及猿头蛤科中的半紫猿头蛤等，它们把壳固着在珊瑚礁上。

　　还有一些双壳纲海贝生活在珊瑚礁间的泥沙或砂砾中，其前半截潜埋在泥沙里，后半截暴露在水中，采集时用铲子挖掘即可获得，主要包括多棘江珧、旗江珧、斑达厚大蛤、脊鸟蛤等。此外，一些色彩艳丽的小樱蛤属喜欢生活在珊瑚礁间的沙质环境中。

　　在珊瑚礁环境中比较常见的还有珍珠贝科的珠母贝、珍珠贝，砗磲科的砗蚝、大砗磲和鳞砗磲等。它们多数通过足丝固着在珊瑚礁上。我们采集的时候，从附着面一侧将足丝切断便可很容易将其取下。

● 生活在珊瑚礁间的旗江珧

● 以足丝附着生活在珊瑚礁上的鳞砗磲

● 沙滩潮间带

● 泥沙滩和石砾质潮间带

沿海滩涂

滩涂是人们最熟悉的潮间带类型，也称为海滩。根据组成滩涂的物质成分和颗粒大小的不同，滩涂还可细分为珊瑚沙滩、粗沙滩、细沙滩、泥沙滩、软泥滩等类型，学会区分它们对海贝的采集将有很大帮助，因为不同种类的海贝往往只能生活在一定类型的滩涂上。生活在沿海滩涂的海贝可大致分为两类：一类营底上生活，即通常在泥沙表面生活；一类营底内生活，它们身体部分或全部潜埋在泥沙里。潮水退去后，常能在滩涂上发现一些营底上生活的腹足类海贝，如蝲螺科中的蝲螺，滩栖螺科中的纵带滩栖螺和古氏滩栖螺，蟹守螺科的中华蟹守螺，玉螺科中的微黄镰玉螺、扁玉螺和格纹玉螺等等。织纹螺是泥沙滩中最常见的种类，它们有的会把身体暴露在泥沙滩表面用发达的足部向前爬行。营

● 软泥滩潮间带

底上生活的海贝通常匍匐在沙滩或泥沙滩表面，很少钻入底内生活，即使钻入底内，也常常会留下爬行痕迹，因此较易采集。

营底内生活的海贝如虎斑榧螺则在潮水完全退去前，用自己发达的足部挖掘泥沙，将自己掩埋起来，这样既可以防止体内水分蒸发，又能够躲避天敌（如海鸥）的伤害。营底内生活的海贝中有超强钻沙本领的种类，常见的有双壳类中的鸟蛤、樱蛤、蛤蜊、帘蛤、蛏类等。它们平时将身体埋藏于泥沙之中，只通过一两个被称为"水管"的管道与外界相通。

双壳纲的鸟蛤和中国蛤蜊等喜欢待在含泥量较少的细沙滩或珊瑚沙中；帘蛤科的种类则更中意泥沙皆有的海滩；也有一些海贝喜欢泥沙滩或带有石砾的海滩，比较有代表性的种如菲律宾蛤仔；蛏类则偏爱含泥量较大的海滩。对于腹足类来说，它们虽然没有这般挑剔，但还是更愿意待在泥沙皆有的滩涂上，因为这样的地表条件既适合爬行又容易让它们快速钻入其中，而且泥沙滩或泥滩中的营养物质要比纯沙滩中丰富得多。此外，海藻较多的地方，或退潮后所形成的一些临时性水洼也格外受到海贝的青睐，它们在里面不但可以正常活动，而且还能够找到食物。

● 斑玉螺在沙滩表面爬行

● 虎斑榧螺

● 饼干镜蛤正在潜入沙滩

● 冠织纹螺在海草上爬行

　　在滩涂上寻找海贝不仅需要敏锐的观察力，还要通过辨识海滩上的各种"蛛丝马迹"来寻找它们的藏身之所。

　　许多腹足纲海贝虽然有钻沙的本领，但身后往往会留下一条爬行过的足迹，只要保持耐心，沿着这条足迹"顺藤摸瓜"，往往会有意外的收获。

　　而对于一些营底内生活的双壳纲海贝来说，因为没有爬行的痕迹，想要找到它

● 宽带梯螺在沙滩上爬行

们相对困难些。那么有没有可以确定它们位置的方法呢？——有！一些双壳类海贝为了在隐藏自己的同时，还能达到呼吸和摄取食物的目的，通常会在地表上留有一两个可供水管伸出的孔洞——呼吸孔，因此只要找到了这些呼吸孔就可以确定它们的位置。不同的双壳类海贝留下的孔洞的

● 在海滩上爬行的珠带拟蟹守螺

● 螃蟹的洞口图片

数量和形状也会不同，但要注意的是，并不是所有的孔洞都是双壳类海贝留下的，有些"杰作"还可能来源于其他海洋生物：如一种由 3 个排列成一条直线的小孔组成的孔洞，位于中间的小孔呈长方形，而两侧的为圆形，这是由一种被称为海豆芽

● 海豆芽

（俗称为"舌形贝"）的腕足动物制造的；再如螃蟹挖掘的孔洞，直径一般比较大，且通常具有一定的坡度，在洞口往往还会留下许多细小的泥沙团；还有一种类型的孔洞，里面通常插着一个角质的管状物，管子外面还粘着许多砂砾或海藻，这则是由一种被称为"沙蚕"的环节动物制造的。孔洞种类繁多，形状各不相同，需要读者仔细区别。

红树林海岸

　　红树林，是指生长在亚热带、热带海岸潮间带上部，受周期性潮水浸淹，以红树植物为主体的常绿灌木或乔木组成的潮滩湿地木本生物群落。红树林生长于陆地与海洋交界的滩涂浅滩，由于这里常常有淡水注入，咸淡水交汇后形成了特殊的、复杂的生态环境。

● 我国红树林海岸

　　红树林中生活的腹足纲海贝种类繁多。用鳃呼吸的蜒螺科如奥莱彩螺、多色彩螺等是红树林滩涂中的主要成员；腹足纲有肺亚纲中的耳螺，也是红树林滩涂中常见的种类，与蜒螺用鳃呼吸不同，耳螺用肺呼吸，可以长时间暴露在空气中，主要分布于热带和亚热带红树林海岸高潮带或有淡水注入的区域。

● 在红树林滩涂上爬行的秀丽织纹螺　　● 爬行的耳螺　　● 生活在红树林树枝上的斑肋滨螺

　　在红树林的不同区域，我们能找到的海贝也不尽相同。在红树林的枝叶上生活着多种滨螺，如黑口拟滨螺、粗糙拟滨螺和斑肋滨螺等。

　　在红树林的树干基部常固着生活着一些双壳纲海贝，最典型的就是牡蛎。

　　在红树林潮间带的泥沙滩上经常能见到珠带拟蟹守螺、纵带滩栖螺、秀丽织纹螺、胆形织纹螺、蛎敌荔枝螺等。有些海贝除

牡蛎

● 生活在红树林树干基部和根部的囊牡蛎

了在泥沙滩上生活外，有时还可以借助腹足爬到红树的枝干或树叶上生活。此外，还有一些双壳纲海贝如长竹蛏、尖刀蛏和红树蚬等，它们通常生活在红树林区的沙滩，营底内生活。

●长竹蛏

红树林是非常宝贵的自然资源，对于维持生态平衡具有十分重要的意义。但近年来受人类活动的影响，红树林面积大幅度缩减，对红树林的保护已刻不容缓。

潮下带海贝

我们前文所介绍的都是潮间带可以采到的海贝，除此之外还有很多栖水较深，在岸边和潮间带采不到的海贝，要想获得它们就必须通过拖网、潜水的方式寻找或者去水产市场和码头购买。

●翁戎螺

在潮下带生活的海贝种类还是很多的，这里简单介绍几种。

翁戎螺科海贝：此类海贝的壳呈低圆锥形，体螺层上有一条深的裂缝。这类海贝比较原始，且数量较少，通常栖息于较深的海底，不易被发现和采集，比较珍稀。目前在我国沿海共发现5种，全部是由渔船通过拖网采集到的。

宝贝科海贝：此类海贝种类多、数量大，贝壳呈卵球形，螺旋部至成体时消失。这类海贝除一些生活在潮间带外，其余大部分栖息在潮下带至较深的海底，如金星眼球贝、美丽拟枣贝、平濑珍宝贝、樱井珍宝贝、兰福珍宝贝、黑原宝贝、黄金宝贝等。

● 樱井珍宝贝

骨螺科海贝：骨螺科是腹足纲种类较多、经济价值较高的一个大科。目前我国沿海已发现 200 多种，海贝造型千姿百态，如同天然的工艺品，生活在潮下带至深海的种类很多，如骨螺、长刺骨螺、亚洲棘螺、褐棘螺、翼螺、芭蕉螺等，以及一些造型奇特，具有丰富鳞片和棘刺的珊瑚螺。

● 兰福珍宝贝

● 骨螺

此外，腹足纲中的丽口螺、锥螺、衣笠螺、凤螺、冠螺、嵌线螺、梯螺、轮螺、蛾螺、细带螺、笔螺和塔螺科等很多种类都是生活在潮下带浅海至水深数百米的深海底。在这些海贝中有很多形态优美、色彩艳丽的观赏品种，也有一些经济价值较高的食用品种。

在双壳纲海贝中同样有很多种类生活在潮下带或较深的海底，如蚶类、扇贝、日月贝、鸟蛤、同心蛤、蛏类、樱蛤、帘蛤和海笋等；而有一些种类生活在深海，如深海贻贝等可生活在几千米的深海区。采集这些海贝就需要通过船只采用拖网、采泥、下潜等方法。对那些生活在水深超过 1000 米的深海底的海贝来说，要想采集到它们就要借助先进的科学技术了。

● 柠檬菖蒲螺

● 扇贝

海贝采集与收藏
COLLECTION OF SEASHELLS

中国科学院海洋研究所"科学"号海洋科学综合考察船，是我国目前最先进的远海和深海科学考察船，船上配有先进的科学仪器和设备，其中"发现"号缆控水下机器人能在数千米的水下作业数小时，可进行现场观测、拍照和采集标本等。

2014年"科学"号赴西太平洋海域进行科学考察，在冲绳海槽水深983.5~1361.2米范围内采到了一批宝贵的深海贝类标本，如深海腹足类和深海双壳类等。

● 深海鳞笠贝

● 深海偏顶蛤

● "科学"号海洋科学综合考察船

海贝采集与收藏
COLLECTION OF SEASHELLS

市场"淘宝"

　　能亲自去海边捡拾或乘船去大海里用拖网采集海贝固然是一件既刺激又开心的事情，但寻找合适的采集地点可能需要花费掉我们不少的时间和精力，而且还会受到各种自然因素，如潮汐、天气、海浪等的制约，此外相对高昂的采集成本（路费、食宿费用、租船费、潜水装备购买费用等）也是一笔不小的开支，那么，有没有既节省时间又经济划算的海贝采集方法呢？——当然有的。如果有机会到沿海城市旅游、出差或者自己就在沿海城市生活，想在有限的时间里尽量多地收集一些当地产的海贝，另外，逛一逛当地的码头和农贸市场也是一个不错的选择。

● 海南陵水渔码头

　　也许这个建议会让许多人"大跌眼镜"：卖海鲜的地方怎么可能会有好的海贝呢？如果你真的这样想就错了。海贝在沿海居民的日常饮食中占有十分重要的地位，当地渔民朋友对海贝资源相当熟悉。他们不但了解什么季节哪种海贝好吃，它们主要生活在什么地方，还能够熟练地使用各种工具如拖网、钓笼、耙网等来捕捞它们，有经验的渔民经常一网下去就会捕捞到大量的海贝，虽然大部分是常见的食用贝类，但里面还是会混杂一些颇为少见的品种。当然在渔民和一般居民的眼中，无论多么稀有的种类也无非是做美味佳肴的食材而已，而我们要做的就是在它们被端上餐桌之前把它们找出来，第一时间制作成贝壳标本。

　　刚刚捕捞到的海贝在被送到市场上售卖之前，渔民首先要筛选和分类，将其中有价值能卖钱的海贝挑选出来，而把空壳、死壳以及与海贝无关的诸如海星、海藻、泥沙、小石块之类的杂物扔掉，这个工作通常是在船舱中、码头的空地上或者仓库中进行的，世界上有很多珍稀的海贝最初都是从水产市场上被发现的：著名的富东尼宝贝就是由南非当地水产市场的工人在解剖鱼的时候从鱼胃中发现的；天王宝贝的发现过程也有着类似的情况，它是菲律宾

● 筛选与分类

渔民在鱼胃中发现的；世界上第一枚贝利翁戎螺是在日本的一个海产品商店里被人首次发现的。

如果你在内陆生活，却对美丽的贝壳很感兴趣，也不要放弃寻找海贝的想法。在周末的时候，逛一逛当地的水产品批发市场是一个不错的主意，说不定会有意外发现。高速发展的物流运输能

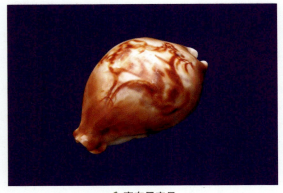
● 富东尼宝贝

够将各地的水产品第一时间送到人们的身边，如在北京的"京深水产市场"就可能会找到一些好看的海贝。下面我们说说应怎样进行"淘宝"。

码头上的"垃圾堆"

如果能准确知晓渔船回港的时间，就可以在码头提前等候。在渔民筛选的时候，就可以跟在他们身后"寻宝"了，当然我们应该先表明来意，这样他们就不会生气，也许还会主动帮忙，筛选时也会更加细致小心，通常情况下，在这里只需支付很少的费用就可以买到自己喜欢的海贝。这类海贝一般都是生活在潮下带或较深的海水中，如在黄海分布的发脊螺、香螺、蜡台北方饵螺、钩翼紫螺等。再如在河北省秦皇岛沿海的一些码头上，可以找到金刚螺、尖高阿玛螺以及耳梯螺等。它们是在渔民捕捉扁玉螺和脉红螺的时候，一起被拖网打捞上来的，因为这些螺没有食用价值就被渔民丢弃了，但对于贝类爱好者来说，这些都是相当难得的种类，由于这些螺生活在比较深的海域，加之个体比较小，所以即便海底拖网，采集到的难度也依然很大。而在我国东海和南海，海贝的种类就更多了，在码头上有时可收集到凤螺、蛙螺、骨螺、嵌线螺、芋螺等，而且

● 发脊螺

还有一些双壳纲海贝如扇贝、日月贝和帘蛤等。这些常见的和一些漂亮的海贝都可从码头上渔民扔掉的废弃物中淘到，而且这些海贝在潮间带滩涂上是采集不到的。在码头收集海贝的同时，我们也要向渔民朋友了解这些海贝所栖息的海域、所生活地方大概的水深、海底的底质情况等一些有价值的信息，信息完整的海贝标本更有研究和收藏价值。

● 习见蛙螺

错过了渔船回港的时间又该怎么办呢？因为渔民通常会把废弃物堆积到码头的某一角落，我们只要赶在环卫工人来清理之前到达码头就可以，拿出事先准备好的口罩和小棍子（最好是长镊子），动手翻一翻这些"垃圾堆"，恶臭虽不可避免，但坚持下去就可能会有丰厚的回报。如辽宁省长海县海洋岛的渔民平时会使用钓笼来诱捕香螺，但同时诱饵的味道还会吸引同样是肉食性的发脊螺、蜡台北方饵螺、钩翼紫螺以及钝角口螺等，它们都是比较典型的冷水种类，喜欢生活在水深40米左右、海藻繁茂的礁石区域，由于这些海域环境复杂，所以只能通过诱捕的方式才能抓到它们；渔民从海上回收笼子之后，会在船舱里将笼子里的东西倒出来，现场分拣，香螺的经济价值最高，通常会养在船舱中的水箱中，而其他的海贝连同垃圾会堆放到船舱的一角，渔船靠岸之后会被统一倾倒在岸边的固定地点，我们就可以在这些废弃物中去寻找。

小·贴·士

左旋螺与右旋螺

在海螺这个大家庭中，大多数海螺都是右旋螺，而左旋螺相对稀少，腹足纲海贝中的三口螺科种类全部是左旋螺，非常有特色。而有的种类本来是右旋螺，但其中却有少数个体在幼虫发育过程中发生变异而出现左旋，而这类左旋螺壳标本因其稀少而往往更具收藏价值。

● 红色三口螺

● 右旋香螺　　　　　　　　　　● 左旋香螺

"淘宝"货源地

在北方沿海城市大连的水产品市场，可以"淘"到稀有的左旋蛾螺类如香螺、略胀管蛾螺、朝鲜产的海参崴蛾螺等。

南方最有名的海贝收集地当属海南陵水新村，那里的海贝不仅数量多、种类丰富，而且有很多非常珍稀的种类；在广西北海的市场上也能收集到一些漂亮的海贝，甚至还可以买到野生的华贵栉孔扇贝。

说了这么多，你们是不是已经心动了呢？那还等什么？让我们去采集海贝吧！

● 华贵栉孔扇贝

海贝的采集

知道了海贝生活在什么地方，就可以开始采集了，但采集前的准备工作必不可少。下面详细介绍一下。

采集前的准备

小小贝壳造型别致而美丽。它优美的壳体弧线，层叠的螺肋雕刻，绚丽多彩的壳色花纹，常令我们惊叹。在采集海贝时，不合适的采集工具和不当的收集方法容易伤及贝壳。多数贝壳是坚硬结实的，有些却也脆弱而易碎，容易损坏，而且一些稀有的海贝往往是生活在特定的环境和海域里的，对采集工具、潮汐、时间等都有较高的要求。要想顺利采集到美丽的海贝，并保持贝壳完好无损并不是一件简单的事，需要技术、耐心和知识，因此前期的准备工作是必不可少的。

　　采集地点的选择十分重要。前面我们已经对一些海贝的栖息环境进行了介绍，由于海贝的种类很多，栖息的地方各不相同，为了更有效率地采集到所需要的种类，采集前一定要选择好采集地点。就海贝的分布情况而言，生活在潮间带和潮下带的种类较多，深海的种类较少；热带的种类较多，冷温带的种类较少；岩礁和珊瑚礁中种类较多，泥沙质次之，沙质较少。在大致了解了以上情况后，合理地选择采集地点，可以让我们采集到更多的海贝。

　　在潮间带采集海贝时，先要准备一些工具。一双舒适的趟水鞋是十分必要的，当然也可以用球鞋代替，但千万不要穿拖鞋或光脚走在海滩上，因为这样很容易被隐藏在沙子里的海胆刺中，或者被岩石表面的牡蛎壳划伤。一旦发生这种事就真的是一场噩梦了，采集之旅可能不得不就此结束。如果去沙滩或泥沙滩上采集海贝，需要准备一把轻便的小铲子或者小耙子，用来挖掘出埋在泥沙中的双壳贝类，靠一双手来挖出它们是万万

● 海胆

● 大量牡蛎壳附着的岩石

行不通的；如果去岩石或石砾质潮间带采集，则需要准备一把铲子或凿子，用来对付附着或固着在岩石上的海贝，如贻贝、牡蛎、海菊蛤等，有时还需要一把小镊子，用来夹取一些钻进石缝里的小海螺。夜晚采集时还需配备一只强光手电筒，因为大部分海贝是昼伏夜出的，所以在晚上更容易发现它们。另外，还需要准备一些自封袋、几个塑料盒和一只小水桶，用来盛放采集到的海贝。

准备好以上列举的工具就差不多了，当然最后还有一件重要的事情要做，那就是查询目的地的潮汐情况，以确定最低潮的大概时间。查询方法有很多种：可以从电视上收看当地的潮汐预报，也可以上网查询。一般来说，农历初一或十五的时候往往会

● 采集工具：小铲子与小耙子

● 采集工具：小水桶

海贝采集与收藏
COLLECTION OF SEASHELLS

小·贴·士

半日潮海水涨潮时间的推算技巧

一天中有两次高潮、两次低潮为半日潮。海水的涨潮时间，15 天轮回一次，有规律可循。下一天涨潮的时间为前一天涨潮时间向后推迟 0.8 小时（48 分钟左右），这样即可根据农历日期计算每天涨潮的时间，农历初一到十五：涨潮时间＝日期×0.8；农历十六到三十：涨潮时间＝（日期 −15）×0.8。例如，农历三月初二的涨潮时间就是 2×0.8 ＝ 1.6，即分别为凌晨 1 时 36 分与中午 13 时 36 分。采集海贝时，最好在退潮开始前就到达海边，从高潮带顺着潮水的后退往下寻找，这样有利于充分利用退潮时间。

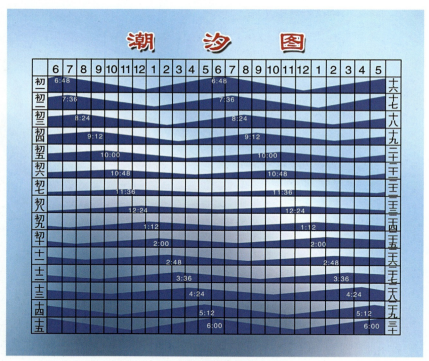

● 潮汐表示意图

出现大潮，因为此时地球、月球和太阳的位置几乎在一条直线上，月球和太阳的引潮力相互叠加，对海水的作用力最大；而农历初七、初八，或二十二、二十三的时候，月球和太阳对地球的引潮力相互垂直，两者抵消了一部分作用力，从而导致潮水涨退最小。

此外，如果要进行潜水采集，还需要学习潜水的相关知识。

潜水寻贝

　　许多海贝生活在较深的海洋中，因此深入大海，潜水采集，也是获取海贝的一种重要方式。想象一下徐徐潜入海水中的情景：扇动着脚蹼，自如地悬浮于水中，阳光被水折射成无数个星星，在眼前不断地闪烁、晃动，成串的气泡欢快地飘过耳畔，各种鱼儿亲昵地依偎在身边，神秘的海贝静静地躺在海底等待着我们……多么让人神往！

浮潜

浮潜有浮游与闭气潜游两种方式。浮游是借助海水的浮力趴浮在水面，依靠呼吸管与大气相通进行呼吸；闭气潜游多以蹼泳方式进行。浮潜包含漂浮、下潜、上升、排水、换气、呼吸、自救、器材的选择和使用等。在浮潜之前，最好先在专业教练的指导下练习一段时间。

浮潜方式主要用于寻找浅水区的贝类，如在水下的礁石、珊瑚丛等处藏身的贝类。

浮潜需要的装备较为简单，仅利用"潜水三宝"——潜水面镜、呼吸管、脚蹼就可以了。

●潜水三宝

潜水面镜：潜水面镜可以帮助你看清水下的海贝。如果不佩戴潜水面镜而在水中睁开眼睛，则只能看见一片模糊的景象。这是因为水的密度比空气大，光线射入水中会有折射，而眼睛的焦距是根据空气中的光线来调节的；潜水面镜则使你的眼前保留了空腔，让你有更加清楚的视野。潜水面镜与游泳眼镜有一点不同，前者不仅罩着眼睛还可以罩着鼻子，潜水时可以防止鼻腔受到海水的挤压，以平衡鼻腔内的压力，而游泳眼镜只是罩着眼睛，无法保护鼻腔，因此不能用于潜水。

呼吸管：在浮潜时，呼吸管也是必需的装备。通过它你不用将头抬出水面便可以浮上一整天。当你浮游寻找水里的海贝时，就可以通过呼吸管呼吸。而且，在水面有风浪时，还可以利用管口高于波浪高度的呼吸管来避免水涌进嘴里。呼吸管的设计一般是一端为开口，另一端为有咬嘴的弯管。呼吸管的上半部（管身）通常是半硬的塑料管，下半部的咬嘴多由硅胶制成。

脚蹼：俗称蛙鞋。脚蹼宽大的面积可以给你提供强大的动力，这样游泳可以解放双手从事其他工作。脚蹼主要分为套脚型和无跟型两种。套脚型脚蹼一般用于温暖水域潜泳或浮潜，无跟型脚蹼则要与潜水靴一起使用。脚蹼材料不同，设计与特点也不尽相同，要根据自己的体型、体力和潜水环境来选择合适的脚蹼。大而坚硬的脚蹼使用起来游泳速度快，但容易使人疲劳甚至抽筋，适合腿部力量大，耐力较好的人；小而柔软的脚蹼缺少推动的力量。

水肺潜水

水肺潜水指潜水员自行携带水下呼吸系统所进行的潜水活动。分为开放式呼吸系统和封闭式呼吸系统两种，原理都是利用调节器装置把气瓶中的压缩气体转化成可供人体正常呼吸的气体。开放式呼吸系统相对较简单，是较多人使用的器材。这种系统能供应呼吸用气体（压缩空气）给潜水员呼吸使用。封闭式呼吸系统又称循环式呼吸器，此系统可充分利用呼吸器中的氧气，延长潜水时间。

小·贴·士

通过水肺潜水寻找海贝时，可着重注意海底的沉船和礁石，上面可能有海菊蛤附着，海底石灰岩形成的孔洞或洞穴中则通常会有骨螺或宝贝居住。

在气体经过潜水员呼吸后，系统会吸收其中的二氧化碳，并重新注入氧气，再供应给潜水员。

我们前面提到的"潜水三宝"——潜水面镜、呼吸管和脚蹼同样也适合于水肺潜水。专用于水肺潜水的装备还有浮力调整装置、气瓶、气瓶阀、背架、调节器和压力表等。

长管供气潜水

长管供气潜水系统是由水面的供气机通过专用输气管及供需式呼吸器，向潜水员输送空气的潜水设备。长管供气潜水使潜水员不必再背负沉重、笨拙的气瓶，也不再有给气瓶充气的烦恼，设备方面的要求较低，是一种较为方便的潜水方法。菲律宾薄荷岛上的渔民常常采用这种潜水方式来寻找稀有的王子宝贝。

● 水肺潜水

● 长管供气潜水

 小·贴·士

潜水注意事项

● 最好在下水前进行一下体检，包括耐压、耐氧等身体机能的测验。

● 接受正规、完整的训练。潜水需要具备一定的专业知识，只有经过学习和仿真模拟训练后，才能在海里突发状况发生时，有能力去应对。

● 认识潜水环境。在前往潜水目的地时，切记要先了解当天的水文气象状况，评估后，再视自己的能力，选择是否下水并决定从哪个点下潜或者上岸。一定要重视环境这个重要的影响因素，因为水文气象本身有太多的不确定性。

● 完善潜水装备并严守潜伴制度。避免"独潜"，并且在潜水的过程中要与同伴保持沟通。

两种有毒海洋生物的介绍

在采集海贝的时候可能会遇到其他海洋生物，它们大部分是无害的，但是有些却含有大量毒素，甚至可以致命。下面就介绍两种比较常见的有毒海洋生物，要仔细认清它们的面目，并在采集过程中多加注意。

美丽的杀手——芋螺

小巧可爱的海贝看起来并没有什么威胁，实际上有些却是有名的"杀手"。芋螺就是有"杀手"之称的海贝。芋螺为暖水性很强的海贝，主要分布于热带海域，我国海南岛和西沙群岛等海域分布较多。

芋螺的身体呈倒锥形，壳的顶部一般较扁平，有些会有一个突出的螺旋部。芋螺的壳表面有的平滑，有的则有螺旋状纹路覆盖。多数种类被有一层薄或稍厚的黄褐色壳皮。其壳身表面的颜色与纹路斑斓多彩，颇受收藏者青睐，但也正是这种艳丽的颜色和多样的花纹吸引着人们禁不住去拾起它们，而悲剧恰恰就在此时发生。

芋螺喜欢藏在潮间带至浅海的珊瑚礁间、沙中或石头下，为肉食性动物，以蠕虫、其他软体动物甚至鱼类为食。芋螺的齿舌与其他腹足纲海贝不同，其形状像箭头，约有 1.5 毫米长，

● 地纹芋螺的外形

是一种高效的武器。芋螺体内储有毒素，齿舌通过一根细线与嘴里的基座相连，并与毒腺相通，当感知到有鱼或其他猎物存在时，芋螺会在短时间内快速将齿舌像捕鲸船发射鱼叉那样投射出去，深深刺入猎物身体并将毒液注入其中，毒液在 50 毫秒之内就可以使鱼麻痹。

芋螺会用有毒的齿舌猎取食物，同样也会用它自卫，攻击试图捕捉它的人。有些芋螺的毒性很强，甚至能使人丧命，看到它们时可要小心了！但芋螺受惊后，吻和足便缩入壳内，而且也不像毒蛇那样有攻击性，此时比较安全，是采集的好机会。

海洋武士——蓑鲉

采集贝类的过程中，不仅要提防有毒的海贝，有毒的鱼类同样是要远离的对象，千万不要被这些鱼绚丽的外表麻痹了。

● 蓑鲉

蓑鲉，也称为狮子鱼，多生活在靠近海岸的岩礁或珊瑚礁内。蓑鲉身型短促，头侧扁，最典型的特征就是大大的扇子一样的胸鳍和背鳍，身体颜色很艳丽，身上还"装饰"着众多的鳍条和刺棘，看上去就如同京剧演员的戏装一般：头插雕翎、身背护旗，像威风凛凛的"武士"。这种鱼非常危险，分泌的毒液能毒晕甚至毒死其他的小鱼，对人类同样也有威胁，如果不小心被它背鳍上的刺划破皮肤，虽不至于被毒死，但伤口也会疼痛难忍、肿胀发炎。

当然，有毒的海洋生物还有很多，如老虎鱼、魔鬼鱼等，就不一一介绍了。好了，注意事项差不多就这些，让我们出发开始真正的采集之旅吧！

海贝的捕捉与采集

不同的海贝采集方法也不尽相同，好的方法往往会起到事半功倍的效果。

潮间带采集

海贝采集主要还是在潮间带附近，比较
靠近海岸，相对来说比较容易到达。对于
大部分腹足纲海贝来说，采集方法比较
简单，直接捡起来放进水桶即可，但如
果是遇到多板纲海贝（如石鳖），或者
要采集腹足纲中的帽贝、笠贝和鲍鱼等
时，就没有这么容易了。这时还需要用到
工具，因为它们都具有发达的足部，可以牢
牢地吸附在岩石表面，其吸附力之大超乎我们的想

● 石鳖

象。所以在采集的时候，一定要先用铲子的边缘对准它们足部和岩石的交接处，趁其不备
突然插入并将它们撬起来，机会往往只有一次，一旦失手，即便把它们的贝壳搞碎，也很
难再将其与岩石分离开了。

● 石鳖和嫁蝛

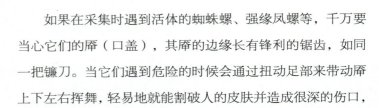

● 凤螺的厣

如果在采集时遇到活体的蜘蛛螺、强缘凤螺等，千万要当心它们的厣（口盖），其厣的边缘长有锋利的锯齿，如同一把镰刀。当它们遇到危险的时候会通过扭动足部来带动厣上下左右挥舞，轻易地就能割破人的皮肤并造成很深的伤口，所以在捕捉它们时应该佩戴手套并尽量抓住壳的上部，或先用镊子碰触它们的前端，使其受到刺激后将吻部甚至整个软体部分收缩到贝壳里，再用戴着手套的手捏住螺的上方，将其转移到小水桶里。

双壳纲海贝的捕捉就没有那么容易了，这真的是一件体力活：找到它们的呼吸孔后，要先将铲子从呼吸孔侧面一点的地方斜插进地表，使铲子的尖部正好位于呼吸孔的正下方，然后用力撬一下，将一整块泥沙挖掘出来。通常来说，它们大多会在这一团泥沙当中，只要小心清理即可得到，但对于有些钻得很深的种类如蛏子，往往这一铲子下去只能看到它们居住的管道，那就需要沿着管道的方向继续挖掘，直到将它们挖出为止。需要注意的是，

● 缢蛏

不是每条管道里都一定会有"居住者"。由于它们四处钻洞，一些洞可能是它们以前的住所，所以往往要挖掘数次才能获得一个海贝；对于某些生活在岩石或者珊瑚礁缝隙里的种类来说，要想抓到它们就需要用到镊子，操作时力度的大小要控制好，并且要保持耐心；还有些双壳纲海贝，如牡蛎、海菊蛤等会固着在岩石上，采集的时候要用铲子或凿子，沿着固着点的位置小心地将刃部插进去，将其从石头上撬下来，如果遇到固着面比较大的情况，又要避免损坏到贝壳，就需要用到小锤子和凿子，将一部分岩石连同贝壳整个取下来，回去再慢慢清理。

潮下带采集

讲完了潮间带的采集，下面就要讲一下潮下带海贝的采集，因为潮下带直接采集比较困难，除了去码头或水产品市场试试运气之外就只能采用拖网捕捞与潜水采集了。

● 采集海贝乐趣无穷

　　拖网捕捞主要是借助渔船与渔民的力量，通过他们的网箱或大型渔网，在我们认为合适的海域和深度下网，在捕捞到其他海鲜的的同时捕捞到我们所希望的海贝。

　　潜水采贝是潮下带采集的主要方式。首先，要根据海水不同的深度选择相应的潜水方式；其次，我们要学会如何在海底复杂的环境中找到善于伪装的海贝，岩石缝隙以及海底沙坑都是海贝隐藏自己的好地方；最后，由于海底的能见度较低，应当携带潜水专用手电筒而不是前面所说的一般手电筒，以使我们的视野更加清晰。

　　要完整地采集到一枚海贝除了需要一定的经验和知识外，有时还需要一些运气。当然，收获的多少不是目的，拥抱自然、享受快乐才是最重要的，这也是我们采集海贝的乐趣所在。

采贝胜地

能否选择一个好的采贝地点直接影响到海贝采集的成败。下面推荐几个采贝的好去处。

海南陵水新村

陵水新村镇位于我国海南省陵水黎族自治县东南部，东临南海，西南与三亚市毗邻，是我国最负盛名的采贝胜地之一，以其海水温度高、一年四季都可采集、贝类资源丰富而广受采贝爱好者的青睐。在陵水新村，你会看到很多拿着小铲子和各种小工具的采贝爱好者。很多人一年之中会去好几次，足见其魅力。

● 陵水新村

在海南省陵水新村的村民家中，经常可以看到几位老阿婆席地而坐，一边聊着家常一边玩着一种特殊的牌——贝壳牌，这种牌每一副由 54 个贝壳组成，和扑克相似。贝壳作为装饰品很常见，但作为娱乐工具却不多见，由此可见当地的贝壳文化之深。

陵水的新村港东西两面被南湾半岛环抱，港内风平浪静，避风条件良好，是一个得天独厚的天然良港，曾被农业部定为国家一级渔港，现已被定为

🔴 陵水

中心渔港，是海南省重点渔港之一。全港可容纳 500 多艘 60 吨位的渔船停泊。每天天还没完全亮，近海捕捞作业的渔船就带着丰收的喜悦一艘接着一艘开进港口。渔民们忙着将一筐筐鲜鱼及其他海产品（如蛤蜊、牡蛎、鲍鱼、扇贝等）从大船上转移到小艇再抬上岸，岸上已经有很多人等待着收购这些新鲜海产品了。讨价还价声与欢笑声此起彼伏，当然，这其中一定少不了在码头中穿梭渴望"淘宝"的贝友的身影。

🟢 陵水码头

著名的南湾猴岛自然保护区就坐落于陵水的新村镇，旅游业是这里的重要产业，各种配套基础设施也十分健全，这也解决了采贝爱好者的后勤保障问题。来到这里，你会发现退潮后的陵水南湾简直就是一个海贝大宝库，沙滩上散落着各种美丽的贝壳，在南湾的海边拾贝，尤其是一件舒心惬意的事。脱了鞋，挽起裤脚，踏着海水，吹着海风，迎着海浪，五彩斑斓的贝壳让人目不暇接，各种各样的贝壳不一会儿就能装满你随身带来的小水桶。当然，对一些比较稀有的贝类还

● 南湾猴岛

需仔细寻找才行。陵水新村丰富的贝类资源也为我国的贝壳研究提供了大量素材。本丛书主编张素萍在撰写《中国近海珊瑚螺研究》与《中国近海荔枝螺研究》等文章时所研究的角瘤荔枝螺、多角荔枝螺、蟾蜍荔枝螺、黄唇荔枝螺与肩棘螺、球形珊瑚螺等标本都采集于陵水新村。

● 角瘤荔枝螺　　　　　　　　　　　　　　　　● 肩棘螺

● 渔民分拣售卖海贝

在陵水新村的海滩采集完海贝之后，一定不要忘了去新村的码头和水产品市场转转，因为在那里你可能会有意外的收获。你能从渔民那里买到很多在潮间带采不到的海贝标本，而且多数是一些热带和亚热带海域所特有的美丽海贝，如宝贝、蛙螺、凤螺、骨螺、竖琴螺、角螺、瓜螺和芋螺等，双壳纲中的蚶、扇贝、珠母贝、鸟蛤、帘蛤等也随处可见。

珍珠与海贝

丰富的海贝资源往往也会带动珍珠产业的发展。在 20 世纪八九十年代，海南陵水新村由于盛产海贝并以此为契机发展珍珠养殖而成为了非常有名的珍珠养殖基地。

那时新村能看到的是另一番景象：登上海堤，波光粼粼的海面上，排列着一条条绳索，上面漂浮着五颜六色的塑料球，就像游泳池里的彩色泳道线；叶叶扁舟穿梭绳索间，船上的工人仔细地查看着养殖在海水里珠贝的情况，船只划出阵阵涟漪，整个港湾就是一幅美丽的图画。而现在港湾已经没有了昔日的繁华，海面上再难找到几根养珠的木桩了。20 世纪 90 年代末，由于珍珠的产量与质量不断下降，陵水黎安、新村一带的养珠人纷纷转行。这与当地港口海水环境的恶化不无关系。如今的海水已经远不如 20 世纪 80 年代那样清澈，污染物越来越多，这不仅对珍珠养殖有着很大的影响，对当地海贝的生存也产生了巨大的威胁。

社会在发展的同时，也要保护好我们赖以生存的环境，做到可持续发展。

三亚小东海

在海南岛还有一个采贝的好去处——三亚小东海。它位于海南岛的最南端，著名的景点鹿回头就在附近。这里风景优美，气候宜人，清澈的海水和宽广的珊瑚礁平台非常适合热带海贝生存

● 三亚小东海海滩

● 小东海珊瑚礁上生活的马蹄螺

和繁殖，因此，这里生活着许多造型美观、色彩艳丽的海贝，有马蹄螺、蟹守螺、宝贝、凤螺、骨螺、芋螺、塔螺以及后鳃类的海兔和海牛等。如果你已经在陵水新村采集了一些海贝后仍然意犹未尽，那么小东海一定会让你有意外的发现和收获。

● 在小东海采集的环纹货贝

● 阿文绶贝

●在小东海采集到的芋螺

●生活在小东海珊瑚礁的后鳃类

如果说三亚海域是世界上公认的潜水胜地，那么小东海就是胜地中的胜地。因此，这里也是采贝爱好者潜水采集的好去处，小东海当地的环球潜水基地是海南著名的潜水基地，采贝爱好者可以穿上专业的潜水服，在海里畅游。用水肺潜水的方式，在珊瑚礁间采集到自己心仪的海贝。

●在小东海的珊瑚礁中水肺潜水采集海贝

菲律宾薄荷岛

薄荷（Bohol）岛是菲律宾第十大岛，原名叫 Bool，由于 16 世纪"光临"此处的西班牙人的大舌音误发成了现在的名字。薄荷岛上的当地人对殖民者相当友好。在当地仍然可以看到不少雕塑，雕塑中反映了 1565 年当地首领达图和西班牙登陆者米戈的著名友谊。

这两个男人用锋利的匕首割破手臂然后把血滴入葡萄酒中，干过杯后他们就成了兄弟，这和中国古代"歃血为盟"的仪式很相似。虽然后来菲律宾的薄荷岛又相继被美国和日本占领，但是薄荷岛的原始美景却一直未变——白色的沙滩，清澈的海水，葱郁的热带植物，还有如画的乡村美景与悠闲的乡村生活。如今薄荷岛的经济仍以农业为主，但

● 薄荷岛当地雕塑

贝壳业已日益成为当地的重要产业，很多当地人以采集贝壳和做贝壳装饰品为生。

 薄荷岛

薄荷岛是个珊瑚岛，沙滩上的沙石是由大量碎珊瑚被海水冲刷后形成的，即使是在烈日的暴晒下，踩上去仍是凉凉的。这里海水清澈，近处是浅浅的绿，远处是深深的蓝，是潜水爱好者的天堂。

在薄荷岛，贝壳及其制品随处可见。在海滩能捡到贝壳，在工艺品商店能买到贝壳，在餐桌上有贝壳餐具托盘，抬头能看见贝壳吊灯，墙壁上有贝壳浮雕，花坛边有贝壳假山。可以说，在这里，贝壳无处不在。贝壳手工艺品也颇具特色，深受游客的青睐。

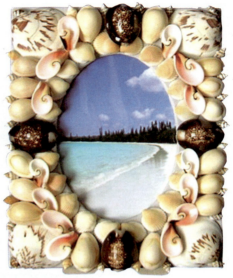
● 精美的贝壳工艺品

薄荷岛的沙滩是雪白色的，镶嵌着许多美丽的珊瑚、贝壳、寄居蟹和海星等，沙子细软无比，脚踩上去舒服极了。一边漫步于柔软的海滩一边捡拾海贝，实在是一件美妙的事。在海滩上可以采集到织纹螺、凤螺、蟹守螺等，

● 薄荷岛

如果运气好的话还会发现比较稀少的黄金宝贝等种类。捡累了，在悬于椰子树间的吊床上小憩一会，懒懒地遥望远处的碧海与白帆，看海天一色。天色渐渐暗下来时，海水的颜色也慢慢浓起来，然而眼前的一片蓝蓝绿绿并不混沌，海天相接处是宝蓝，然后是孔雀蓝、翠绿，近沙滩处则像是透明无色的。

　　薄荷岛附近海水温度较高，在这里潜水进行海贝采集再合适不过了，薄荷岛的海水特别清澈，透明度高，通常在薄荷岛都采用船潜的方式下水，这样的收获往往更多。

　　一旦潜入大海，迎接人们的就是一个完全不同的世界了。在薄荷岛的海底人们会看到鱼儿、珊瑚礁与海贝和谐共存的场景。喜欢采贝的朋友们千万不要错过这个既可以大饱眼福又可以采集到大量贝壳的机会！

马绍尔群岛

　　从空中俯瞰，马绍尔群岛犹如两条由无数块翡翠串成的链子镶嵌在碧蓝的太平洋上，在马绍尔当地的古老传说中，这里是日出和日落的地方。

　　马绍尔群岛是位于北太平洋的岛国，土地面积很小，只有181平方千米，首都位于马朱罗（Majuro），居民主要为密克罗尼西亚人种，大部分居住在马朱罗和夸贾林两个岛上。马绍尔群岛自然环境优美，有"南太平洋上的黑珍珠"之称，是世界著名的观光胜地之一。

马绍尔群岛拥有同一种语言、同一种习俗，这可是一件相当了不起的事，因为马绍尔群岛由许多岛屿组成，它们各自独立，之间可是浩瀚汹涌的大海，给相互间的联系造成了很大的阻碍，但这却没能将他们分割开来，勇敢的马绍尔人在远古时代就掌握了精湛的独木舟航海技术，能方便地往返于各个岛屿，使岛与岛之间建立了密切的宗族关系，今天我们在马绍尔群岛依然能看到这种独木舟。首批马绍尔定居者到来时，他们已经具备了娴熟的航海技术，对洋流、风向、鸟类的迁徙都十分了解。他们还用木棍制作成导航图，用贝壳点缀成岛屿的位置。

马绍尔海滩上能找到品种繁多、色彩亮丽、光彩夺目的海贝，最具代表性的当属玛丽亚宝贝了，其壳身表面有十分漂亮的隐纹图案，腹部通常为白色。

● 美丽的玛丽亚宝贝

● 劳拉岛的海滩是马绍尔群岛海贝采集的主要地点

每遇海水落潮时，马绍尔海滩的石头下会有很多海贝吸附其上。人们翻起石头，便可拾得。在明月当空的夜晚，一些海贝会爬到海滩上来，这也是采贝的好时间。将拾得的海贝埋入土中，经蚂蚁等昆虫的叮食以及细菌的自然分解，一周左右，壳内的肉质物全部被蚕食或已腐烂，挖出后用清水冲洗干净（切记冲洗时不能使用淡水，否则壳面会失去光泽）就可以获得干净美丽的贝壳了。当地人常用从海滩边收集来的贝壳制作珠宝首饰及当地传统的束发带，也用来制作具有当地风格的贝壳装饰品。

● 马绍尔群岛上富有当地特色的贝壳工艺品

西澳贝壳海滩

　　西澳大利亚州位于澳洲大陆西部，濒临印度洋，面积相当于整个西欧，约占澳大利亚总面积的1/3，是澳大利亚面积最大的一个州。该州地广人稀，遍布沙漠和盐湖，矿产资源丰富，很多地方仍保留着原始的环境。

● 鲨鱼湾

西澳贝壳海滩坐落于西澳大利亚州的鲨鱼湾。与其他海滩相比，贝壳海滩有一个令人惊奇的景观——"贝壳海滩"，恰如其名，海滩上铺满了贝壳，是一个纯粹由贝壳组成的海滩，这里贝壳不计其数、厚达数米，此地也因此被誉为世界上最"奢侈"的海滩。贝壳海滩之所以有大量的贝壳，与附近水域的含盐量较高有关，海水的含盐量高，许多海贝的天敌便无法在这里生存，所以海贝能大量繁殖，经过 4000 多年的累积便形成了这个雪白色的海滩。远远望去海岸就像是被洁白的雪花覆盖一样。贝壳海滩目前所累积的贝壳达 7 ～ 10 米高，已经形成了贝壳灰岩。西澳的贝壳海滩是世界上两个仅有的完全由贝壳覆盖的海滩之一。贝壳海滩也已经作为鲨鱼湾的一部分被列入世界自然遗产，以便更好地保护这片壮观旖旎的白色。

贝壳海滩

贝壳海滩细节图

● 凯布尔海滩

　　澳大利亚是一个浪漫的国度，海贝资源丰富，贝壳文化也比较独特。据说澳大利亚在情人节这一天，恋人们常把代表浪漫爱情的紫贝壳送给对方，因此，如果你在西澳海滩上看到有人在专心地捡拾贝壳，或许是他们在为自己心爱的人找寻紫色贝壳。

　　除了贝壳海滩，西澳大利亚还有绿松石湾、凯布尔海滩、埃斯佩兰斯沙滩、科特索海滩、斯卡波罗海滩、猴子米娅沙滩等。其中的绿松石湾是潜泳者的天堂，在潜水的同时可以采集心仪的海贝。凯布尔海滩则被誉为地球上最美的海滩之一，有 22 千米长的白色原始沙滩。这里的每一个海滩都有其独具的特色，对生活在北半球的人们来说，西澳是我们在寒冷的冬季去南半球采贝的绝佳选择。

采贝游记

采集到自己心仪的海贝固然心喜，采集过程中的享受也同样重要。现在我们就跟着一位贝友，从他的角度去追寻采集海贝的快乐和收获的喜悦吧！

毛里求斯寻贝之旅

在经历了漫长的、让人近乎抓狂的 12 小时连续飞行之后，飞机终于在清晨抵达了西沃萨古尔·拉姆古兰爵士国际机场（又叫普莱桑斯国际机场）。当我们拖着疲惫的身体走出机场大厅的时候，迎接我们的是一阵阵清爽的海风、洁净的空气和宾馆接机人员的灿烂笑容，旅途中的一切烦躁随之烟消云散。马克·吐温笔下的"天堂之岛"——毛里求斯，我们终于来了！

我们入住的 ONS 宾馆位于马埃堡的市中心，距离机场只有 15 分钟车程，当我们还沉浸在公路两旁秀丽的田园风光中时，车子便已经抵达了我们的目的地。这个宾馆共有四层，我们住在第三层，电梯到达后，宾馆的主人 Nizam 先生已经等候在那里，并操着一口浓重的毛里求斯当地英语与我们打招呼，听着十分亲切。在知道我们是来毛里求斯寻找贝壳之后，他十分热情地给我们介绍了一位在当地很有名的贝商的情况，并愿意拉我们过去与这位贝商见面。

吃过午饭后，我们便迫不及待地前往那个贝商的住处。

贝商 Mosa 先生是一位瘦瘦的老人，Nizam 先生用当地的克里奥语向他表明我们的来意，老人非常热情地同我们一一握手，随后便示意我们进屋。进屋后，我们立刻被屋内的陈设所吸引：几个高大的玻璃柜子紧靠在墙边，里面一层层摆放着各种各样的海贝，其中不少是典型的印度洋种类，如拉马克宝贝、金翎芋螺、舵手芋螺、东非竖琴螺、百指蜘蛛螺等，当然也有一些诸如宝冠螺、唐冠螺、法螺等比较常见的品种。正在我们看得津津有味的时候，Mosa 先生带着一个盒子过来了，拿出里面的纸包递过来并示意我打开，当手指触碰到纸包的一瞬间，一股凉意传递上来。打开纸包，我们不约而同地惊呼起来："哇，百肋竖琴螺！"这种曾经被誉为世界上最稀有的 50 种海贝之一的珍奇种类，此时此刻就真真切切地出现在我们眼前。它竟然如此新鲜，就连软体部分还都没有被去掉，应该是刚刚打捞上来就被放到冰箱里快速冷冻。这种处理方式十分科学，既可以防止软体腐烂后产生酸性物质腐蚀贝壳影响光泽，又可以保持壳面的颜色和花纹光鲜亮丽。

我仔细端详着手中的这一颗百肋竖

● 沿途上的甘蔗林

● Mosa 先生展示的当地特色贝壳标本

琴螺：它身长大约7厘米，对这种螺来说算得上是很大的尺寸了。通体呈现出一种漂亮的金黄色，一条条精致的螺肋紧密地排列在体表，每条肋的表面间隔分布有红褐色的方斑，从侧面看上去，这些方斑仿佛彼此相连，形成了几条漂亮的斑带。腹面的颜色更深，呈明亮的橘黄色，表面的釉质如同瓷器一般光亮，上、下各分布有一块黑褐色的大斑，

● 百肋竖琴螺

十分抢眼。标本的完整程度好得超乎想象，几乎看不到缺损，真是一件大自然的艺术品！我不禁有些激动，说真的，寻找顶级品质的百肋竖琴螺一直是我多年以来的梦想，想不到真的有这么一天能亲自来到原产地，并有幸见到了保存如此完整的标本，确实不虚此行。经过了一番讨价还价我们终于购得了这枚百肋竖琴螺，有了收获的喜悦！

　　在返程的路上，迎着夕阳的余晖和清爽的海风，我们和Nizam先生商量起第二天的行程，并最终决定去这里的采贝胜地白鹭岛进行海贝采集工作。毛里求斯地处热带地区，海贝的种类较多，来毛里求斯前我们在国内做了充分的准备工作，了解到白鹭岛的四周被礁石与珊瑚礁环绕，退潮之后，正是采贝的绝佳之地。

　　第二天刚蒙蒙亮我们便和Nizam先生出发了，先到宾馆附近的一个小码头，船长早已等候在那里，待我们依次在船里的长凳上坐稳，船便启动了发动机，驾小船缓缓地离开了码头，驶向大海深处。

　　海面离我们很近，探出身子，即可用手拨弄到清澈的海水。随着船的不断前进，海水也不断变换着颜色：开始是碧绿，偶尔夹杂着微黄，接着是蓝绿，然后是深蓝，直到快接近白鹭岛的时候，海水又重新变回碧绿的颜色。此时，一丛丛的珊瑚礁开始进入我们的视

● 码头登船

野，漂亮的小鱼也时不时地从眼前穿过。白鹭岛并没有码头，船长在距离岸边大概 10 米的地方把船停稳，我们陆续下了船，蹚着刚刚过膝的海水走向岸边，我和同伴一前一后，直接奔向礁石密集的区域。

● 采集海贝的地方

　　成片的平轴螺密密麻麻地挤在礁石的表面上，正逢退潮，其中的大部分都已经暴露在空气中。水面下有很多平坦的石板，上面三五成群地趴着一些蜒螺，我抓了几只在手中仔细辨认，这些是比较普通的渔舟蜒螺，在我国也有分布，只不过这里产的贝壳更宽更扁一些，我保留了几只花纹漂亮的个体作为标本，其他的又都放回到海里；此时耳边传来了同伴的喊声，只见他戴着潜水面镜，站在不远处的海水中朝我招手，想必是有了什么发现，于是我快步赶了过去。原来他在水下的一块大石头上发现了几只漂亮的海菊蛤（一种将自身固着在石头或珊瑚上的双壳贝类），为了便于更好地观察和鉴定，我们费了九牛二虎之力将这块石头抬到了岸边，仔细端详后发现这几颗海菊蛤长度在 3 ～ 4 厘米，具有雪白的贝壳和密集的棘刺，形态上与尼科巴海菊蛤颇为相似，但不同的是尼科巴海菊蛤的贝壳表面通

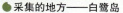
● 采集的地方——白鹭岛

● 退潮后露出水面

常具有黑色的斑点，棘刺更加细长，而这种却没有斑点，而且棘刺短而粗壮。面对这几颗奇特的海菊蛤，我们想采集回去做进一步的研究，但它们所固着的地方均位于石头的凹陷和缝隙处，单纯使用手头仅有的一把小刀是无法将它们完整地与石头分离的，最可行的办法是将它们连同部分岩石一起切割下来，由于工具准备不足，我俩最终放弃了采集的念头，只得将它们的特征记下来待回国之后再查找相关资料，最终这块长满海菊蛤的石头又被我们重新放回

● 石板上发现的海贝

到海水中。我们继续分工协作：同伴负责寻找"顺眼"的石块，而我则利用自己眼睛"微距"较好的优势（因为近视，看近物比较清楚）负责搜寻石块上的小型贝壳。这种合作的方式非常奏效，很快我们便有了不小的收获：在一块长满海藻的岩石上，我找到了几只"迷你"鲍鱼，它们的贝壳表面具有斑驳的花纹，再加上覆盖有石灰层，因此与周围环境巧妙地融为一体，若不是呼吸孔"出卖"了它们，是很难被发现的。这是一种稀有的单边鲍，是主要生活在红海至东非沿岸的小型鲍鱼种类，由于它们体型小巧并具有"保护色"，很难被发现，所以很多人都没有见过这种神秘的种类，没想到我们竟然能有如此好运！我们选择了其中尺寸较大的两颗作为标本，其他的都放生了。除了在这块石头上发现了单边鲍之外，我还找到了几种微型贝类，尺寸都是以毫米为单位来计算的，凭肉眼只能鉴定出它们分别属于猎女神螺科、塔螺科、水晶螺科和蟹螺科，具体是什么种类就只能带回去借助

相机或显微镜来观察分析了。不知不觉我们已经采
集了两个多小时，这时候耳边传来船长和 Nizam 先
生的喊声，只见他们站在不远的船上一边朝我们招
手，一边用手指着大海，我们这才注意到开始涨潮
了。我们登上小船，回头再看刚才采集贝壳的地方，
已经快被海水淹没了，没想到潮水竟然涨得如此之
快，大海真是变化莫测啊！

回到宾馆我们便抓紧时间对收获的成果进行了
整理与分类，因为来毛里求斯的时间有限，所以要充
分利用每一分钟。我们十分不舍地结束了这次毛里求
斯的寻贝采贝之旅，希望以后还能有机会再来。

游记作者　尉鹏

● 毛里求斯之行的收获之一——精美的玫瑰
地图宝贝

● 在一块珊瑚上趴着的两只单边鲍

收藏篇

　　采集海贝的目的终究是为了更好的收藏，繁多的海贝种类也带来了收藏方式的多样化。下面就跟随我们的脚步，去更好地了解贝壳的收藏吧。

贝壳的收藏

人类有一种喜欢将世间万物归类的天性，此天性源于人类对自然知识孜孜不倦的追求。经过整理归类，人们从中总结出规律性的东西，用于指导实践。千百年来这种天性周而复始地运作，才有了我们现在这个高度文明的社会。贝壳收藏也不例外，它始于十七八世纪，也是一门大学问。

贝壳收藏的前世与今生

贝壳与人类社会发展可谓渊源颇深，自古到今，人类就广泛地利用贝壳与收藏贝壳。我国是最早利用贝壳的国家之一，但现代贝壳收藏则起源于欧洲，因为贝壳收藏是建立在贝壳被系统地分门别类基础之上的，要有相对完善的生物分类学知识才能为贝壳的收藏奠定基础。

17 世纪和 18 世纪是欧洲博物学（也就是自然科学）发展的黄金时期，当时的欧洲人热爱自然、崇尚科学，许多贵族及皇室成员都以能资助科学研究为骄傲，许多自然学科获得飞速发展，生物分类学也在此环境下取得了日新月异的进步，收集生物标本盛行一时，成为许多人竞相参与的事情，一些大学及个人之间甚至进行生物标本收集竞赛。在众多的生物标本中，干净漂亮又易于保存的贝壳以其自身的魅力获得许多贵族和夫人们的青睐，贝壳收藏由此兴起。

在贝壳收藏史上第一个标志性人物是英国名媛、波兰公爵夫人——玛格丽特·卡文迪许·本提尼克（Margaret Cavendish Bentinick, 1714—1786），她曾以让库克船长为她收集世界各地的贝壳为条件来资助库克船长的环球航行。她经常在家举办私人的贝壳展览，邀

● 玛格丽特·卡文迪许·本提尼克像

请一些名人前来参观，乔治三世、卢梭等人都曾受邀前往。玛格丽特是把贝壳收藏带入上流社会的第一人，在贝壳收藏的兴起和发展中起到了十分重要的推动作用。

贝壳收藏得到上流社会推崇的同时，也自然而然地在平民中流行开来。到了18世纪，为了满足社会对贝壳日益增长的需求，采集贝壳、出售贝壳标本已成为一个行业，一些商人甚至依靠贝壳成为巨富。著名的 Sowerby 家族就是因贝壳生意而兴旺，他们不仅以贝壳来聚集财富，而且还留下许多关于贝类

● 库克船长像

分类及收藏的宝贵书籍。到19世纪时，这些书籍随着素材的不断增加都已是鸿篇巨著。

贝商在贝壳收藏的发展中起到了很大作用。读者对"壳牌"这个名字应该不会陌生，壳牌集团是现在国际上主要的石油、天然气开采商和著名的石油化工产品的生产商，同时也是全球最大的汽车燃油和润滑油零售商。而壳牌的创始马库斯·萨缪尔正是一个贝壳商。在他之前，早期的贝商只是在用船运送货物作为主业的同时顺便运输小宗的贝壳，仅能满足一部分贝类收藏者的需求，而马库斯·萨缪尔则是在自己的运输船中全部装满贝壳，只做贝壳的运输与销售工作，再加上当时社会对贝壳的需求量不断增长，他依靠该经营项目淘得了第一桶金，随后又把这些财富投资到石油行业，他的后人借此成为石油巨头，不断发展成为今天的壳牌集团。如今，壳牌的商标还是一只扇贝的图案。

正是这些热爱贝壳的收藏者，才使得贝壳收藏获得长足发展，一直延续至今，而且有越来越盛行的趋势。现在世界上贝壳收藏的规模及数量，已经远远超过过去。贝壳收藏的广泛化让贝壳的需求量不断增加，其价格也一路飞涨，一枚顶级的宝贝标本价格可以达到上万美元。在西欧及美国，贝壳收藏者的数量可以和集邮者相比，市场交易额甚至远远超

1900	1904	1909	1930	1948
1955	1961	1971	1995	1999

 壳牌商标的变化过程

过集邮，与贝壳收藏相关的行业也得到蓬勃发展。随着互联网的发展与物流技术的不断进步，距离已经不再是问题，贝壳收藏也开始全球化，贝壳收集与交易开始变得更加便捷，现在人们可以从网上买到世界上任何一个地区的贝壳。而关于贝壳的网站也十分丰富，包括各种门户网站与论坛。

小·贴·士

著名的贝壳展览

● COA年展：这是全世界最著名的贝壳展览之一，已经是一个全球性的组织，来参展的贝商、收藏者和贝壳学家来自世界各地，贝类爱好者可以在这里买到全世界的贝类标本。COA每年开一次展会，具体的地点和时间每年都会变更，一般选在夏季在沿海城市举行。会员将直接受到邀请，贝商参展也有一定的条件限制，门槛较高。

● 巴黎年展：这是欧洲全球化程度最高的贝壳展，有许多知名贝商参与，一般在每年的3月份举行。

● 悉尼年展：悉尼年展主要展示澳大利亚海域出产的贝壳，如我们前文提到的采贝胜地西澳海滩的精美贝壳，以各种珍稀宝贝的展示为特色。

● 佛罗里达群展：与其他独立的展览不同，这是一个群展，组成群展的有贝壳俱乐部的年度展，也有贝壳收藏家的私人展。展览时间在夏季，尤其以7月份的场次最多，一般不会少于10场，有的年份甚至可以达到20场。

● 各大贝展上的贝壳展示

西方国家几乎都有自己的贝壳协会，随着贝壳收藏者越来越多，贝壳展览也越来越红火，世界上每天都会举行大大小小的贝壳展览。许多展览已经有几十年的历史了，如萨尼贝尔贝壳展览已经举行了70多届，从未间断过。

近代中国自然科学落后，贝类分类学跟不上时代发展的脚步，这让当时的中国缺少贝壳收藏的大环境。20世纪八九十年代，随着改革开放的深入，人民生活水平不断提高，与国外的交流也日益增多，中国收藏之风渐起，但当时贝壳收藏并没有引起人们太多的注意。

进入21世纪以来，随着网络的不断发展，很多爱好贝壳的人通过互联网进行展示与交易，中国真正意义上的贝壳收藏正式兴起，不仅有私人收藏，专业的贝壳展览馆、博物馆也开始涌现。同时，贝展也在如火如荼的发展当中，规模不断变大，贝壳展出的种类与数量都呈几何级数增长。交通的便利也带动着贝友走出国门与外国同行进行交流，在贝类收藏中获得属于自己的那份乐趣。

我国贝壳展发展迅速，贝友之间相互交流学习，不断增长贝类学知识，而且贝友也可以进行贝壳藏品的互换和交易。

●我国现在的贝壳收藏水平在不断提高

当一个小小贝壳收藏家

一些人到海边旅游，往往会买一些漂亮的贝壳；或者身边有收藏贝壳的朋友，经过一段时间的熏陶，自己也对贝壳产生了兴趣，会陆续购买或者采集一些自己没有的贝壳种类，久而久之，便拥有了很多不同类别的贝壳藏品。做到这一步还仅仅是停留在收集的范畴，严格意义上讲不能称之为收藏。收藏是一个系统的工程，收集只是前提，学习贝类分类知识并能辨别、研究才是通往收藏之路的关键所在。

要成为贝壳收藏家，首先应当能够运用一定的专业知识进行贝壳的分类与鉴定，懂得贝壳的品相等级，熟记一些专业的术语。此外，还应掌握贝类标本制作与保养等方面的相关知识以及标本采集和处理的技巧。拥有了这些，才能成为一个比较专业的贝类收藏者。下面就来说一下成为专业收藏者的具体步骤：

第一步，入门收藏。入门收藏首先应该收集那些不贵重但在贝类分类学中具有代表意义的海贝种类。这样，花钱不多却能学到很多贝类知识和收藏常识。同时，入门收藏的面不能太窄，尽量涉及多一些的科属，因为无论是从扩大知识面还是从开发自己真正兴趣点的角度，起步时都不宜把自己限制住。海贝种类繁多，各有特色，各有其收藏的看点，多方了解有利于全方位培养自己收藏海贝的兴趣。

第二步，进阶收藏。随着贝类收藏者自身知识的积累，所拥有的贝壳标本量增多，收藏者的观念也在不断发生变化。现在贝友的眼光、知识、鉴赏能力大多已经超越了单纯崇拜几种珍稀贝类的阶段了。以系列为单位的收藏取代了一开始的凑种收藏，他们懂得分类，有的收尺寸，有的收特色，有的收变化型，等等。不过，值得注意的是，仍然有一部分贝类爱好者仅止步于贝壳绚丽的外表，但对收藏家来说，真正意义上的收藏是掌握丰富的贝类学知识和把握贝壳的内涵。

尽管贝壳收藏具有一定的专业性，但在收藏过程中也有其独特的乐趣。作为一个贝壳收藏者，我们不仅为贝壳绚丽的色彩所折服，更为自己藏品丰富、种类齐全而感到欣喜。因此我们要收起那种拥有多少珍品贝壳的骄傲，摒弃单单靠贝壳的价值来提升自身身价的想法，在提升贝类相关知识与贝类辨别能力上下苦功夫，只有这样，贝壳收藏才会有真正的乐趣，这种乐趣是由发自内心对贝类的喜欢而衍生的。这时，你就是一个合格的贝壳收藏家啦。

贝壳收藏名家介绍

宝贝收藏家——梁华斌

宝贝，在我国台湾又称宝螺，是前鳃亚纲腹足目中很有代表性的贝类品种，一般产于热带和亚热带海区。几个世纪以来，宝贝以其绚丽的色彩、夺目的光泽和迷人的外表，备受收藏家和贝类爱好者的青睐，被奉为珍品。河南郑州宝贝收藏第一人梁华斌已有近30年的宝贝收藏经验。他说：我被这些美丽的小东西深深地折服了，它们带给我精神上的满足远大于它们在市场上的价值，是真正的"宝贝"。

梁华斌自幼就喜欢宝贝，于1996年开始专业的宝贝收藏。梁华斌的宝贝藏品范围很广，除南极洲、北冰洋之外，遍布六大洲、三大洋的品种，囊括了地球上现今已发现的80%的宝贝种类。除了宝贝，他还收藏有骨螺、芋螺、冠螺等十几个科180多个类的藏品，最大的长十几厘米，最小的只有几毫米，其中不乏稀有珍品。

●地图宝贝

● 精美宝贝展示

　　在梁华斌自己看来，收藏宝贝纯粹是一种个人爱好，但昔日的无意插柳如今却换来了绿树成荫。现在收藏的宝贝到底有多少，梁华斌自己也说不清楚。近年来，梁华斌不断地带着他的宝贝外出展览，结交了一大批海内外的朋友。他说，收藏宝贝是一件极具浪漫色彩的事，但它的门槛比大家想象的要高得多，收藏的过程、所花的精力远远大于宝贝自身的价值。不过伺候这些宝贝，是他最大的享受。

用贝壳收藏升华自己的艺术生命，海贝名媛 Gertrude Hildebrandt Moller

Gertrude Hildebrandt Moller（1920–2010），1920
年出生在德国，9 岁移民到美国芝加哥，并开始学习声
乐，22 岁到纽约百老汇做演员。1955 年退出演艺圈，
和丈夫一起到巴哈马生活了两年，这两年悠闲的时光
让她有机会亲近自然，同时便利的地理自然环境也让
她接触到了大量海贝，并被海贝绚丽的色彩所吸引，
使热爱艺术的她也喜欢上了贝壳。她于 1957 年回到美
国，当地报纸在报道她的新闻时顺便提到她有一些贝
壳标本，美国的一些贝类爱好者得知此消息后开始主
动与她联系，她也有了机会和那些专业的贝壳收藏家
们进行交流，她逐渐认识到原来有这样一个"贝壳新
世界"。出于对贝壳的喜爱，1959 年她以自己的房子

● Gertrude Hildebrandt Moller

为活动场所创建了著名的 Jacksonville 贝壳俱乐部，这个俱乐部一直到今天依然活跃。

晚年的 Gertrude 非常受人尊敬，而这种尊敬对于年轻时当过明星的人来说是非常难
得的。明星圈也是名利圈，但 Gertrude 却能保持一颗平常心，去发现贝壳的美，不为名
利地喜爱贝壳、收藏贝壳。她晚年的生活中有两件事情是最重要的：一件是贝壳俱乐部
的活动，这是对自己的尊重；另一件是
为残障儿童服务的福利机构工作，这是
对别人的爱护。

这位热爱海贝的名媛，不仅在贝壳收
藏方面作出诸多贡献，更让人们感受到她
对待生活的态度，感受到她对自己的尊重
和对他人的关爱。

● Jacksonville 贝壳俱乐部的奖章

海贝标本的处理和保存

一些贝壳收藏家，在小时候得到的贝壳，七八十岁时依然收藏着。这样长的时间里，要保护好贝壳不受到损坏，需要考虑的因素很多。因此，要想长时间保护好收藏的贝壳，就需要了解、学习系统的贝壳处理和保存知识。

海贝标本处理

从海边采集或从市场上买来的海贝，如果是空壳冲洗掉表面的泥沙、污垢，然后晾干即可；但如果是有肉的活体，需要先将其杀死。因为活的海贝往往力量很大，强行将肉质拉出可能会损坏贝壳，所以应先将海贝杀死后再把海贝柔软的身体组织与壳进行分离。这个步骤看似简单，却也有很多的技巧和需要注意的事项。

常用的杀死海贝的方法是用开水将海贝烫死，待开水自然冷却后再将肉挑出。将肉挑出时要慢慢拉动，并稍稍旋转，尽可能把壳内所有的组织一并取出。但这种方法对一些颜色鲜艳、表面光滑的海贝不太适合，因为高温可能会损伤贝壳的颜色及光泽。对于一些壳口比较坚硬的贝壳，可以用冷冻法将其杀死，即将海贝彻底冷冻后再在常温下进行解冻，并在还没有完全解冻时将尚未全部软化的肉质拉出；当然也有一种简便但时间较长的方法，就是将海贝放入淡水中或埋入干沙里让其自然腐烂，然后再将壳清洗干净。对一些个体较小的螺类，可用 70% ~ 75% 的酒精固定 24 小时，再取出风干即可。

清洗贝壳

对于螺旋形的贝壳来说，若简单地拉出肉质组织，其内部往往还会有些残留。这时可以将贝壳壳口朝下放置于空气中，让肉质慢慢腐烂并流出；也可以将贝壳浸泡在水里，让腐烂物质直接溶入水中，但要勤换水以避免含有腐烂物质的水腐蚀贝壳。如果想更迅速地

将贝壳清理干净，可以用真空机抽吸，也可以直接用水枪进行冲洗。其余形状的贝壳，将肉挖去后再用水清洗就可以了。

　　清洗贝壳最好不要用化学药品，无论是酸性的还是碱性清洗剂，都会对贝壳的光泽产生一定影响。如果贝壳表面有难以去除的污垢，或有难以用小刀清除的毛和胶质外皮，可将其浸泡在次氯酸钠（漂白液）与水按1：2的比例配制的溶液中，浸泡时间可根据贝壳表面污垢的情况而定，并注意观察。取出后用刷子和清水刷洗，再用干纱布擦净，阴干后便可显出光泽或色彩。

● 有靥的贝壳活体标本　　　　　　　　　　　　　● 有靥的贝壳标本

　　许多贝壳身上有一些附着物，会影响到贝壳全貌的呈现。一般可以用小刀或小锉将贝壳表面的附着物小心清除，再用10%～15%的稀盐酸来清洗。清洗过程一定要把握好时间，时间太短贝壳不容易被清洗干净，时间过长盐酸会腐蚀贝壳表面的花纹甚至溶解出小洞，所以要根据贝壳的厚薄和花纹的显出情况确定清洗时间。有些附着生物如珊瑚、藤壶等和贝壳结合得非常紧密，去除后会在贝壳上留下疤痕，这时可以考虑保留这些附着生物，因为这些附着生物代表了海贝生存的生态学意义，也可以将其看作贝壳标本的一部分。

对于一些表面光滑的贝壳如宝贝、缘螺等，如果用漂白液浸泡会使壳体表面的光泽减弱甚至消失，所以最好只用清水和刷子清洗。

在清洗壳体的同时，要记得贝壳的厣也是贝壳标本的重要部分，厣的形态是贝壳分类的重要依据之一，有厣的贝壳一定要尽力将厣保存下来，这样才是一个完整的贝壳标本。在对贝壳与厣进行清洗干燥之后，要在壳体内塞入适量的脱脂棉，再将厣粘在棉花上就可以进行保存了。

贝壳的干燥

贝壳干燥最好是在干燥通风处阴干。对于腹足纲海贝的贝壳，可以先用手甩出贝壳上滞留的水分，再将贝壳保持直立的状态阴干。在贝壳的干燥过程中务必保持耐心，有些螺旋部高的海贝可能要半年时间才能完全干透。只有在彻底干燥后，贝壳才会变得更坚硬结实，也更容易保存。

● 产自加拿大的石鳖标本干燥后保存有软体部分，较好地展现了它的形态特征

为什么贝壳干燥后会更坚硬?

贝壳在潮湿状态下尤其是在清洗过程中很容易遭到损坏,如皇冠蜒螺的刺,在清洗时很容易被弄断,而干燥后就会变得很结实,即使不小心掉到地上刺可能也不会断。贝壳本身的主要成分是碳酸钙,其硬度是不会因为潮湿、干燥而产生变化的,但除了钙质外,贝壳中还含有一些有机成分,这部分受水分的影响较大,特别是表面的一层角质,也就是我们常说的壳皮(人的指甲和手脚上的茧也是由这类角质层构成的)。在贝壳饱含水分的时候,它的角质层会很柔软,也容易撕裂,但干燥后就变得有硬度和韧性了。

贝壳标本的保存

避光:贝壳标本最好避光保存,避免阳光直射,而且越是颜色鲜艳的贝壳,越不能晒太阳。比如,红色或橙色的贝壳如果晒一个夏天的太阳,它们的颜色就褪成土灰色了。要保持贝壳艳丽的颜色,最好将贝壳标本放在不透光的塑料盒、金属盒、纸盒或木盒中。

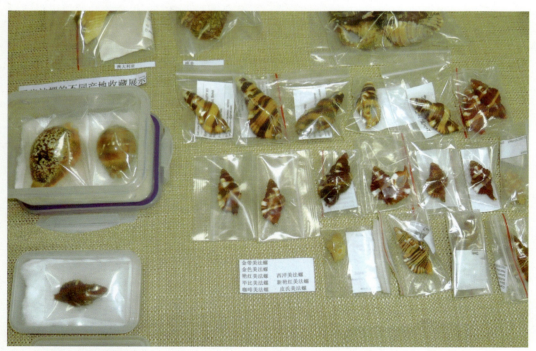

● 将贝壳标本放入密封袋中

● 中科院海洋所贝壳标本的保存

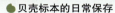
● 贝壳标本的日常保存

● 用不透光的塑料盒保存

　　密封：有空气流动的地方往往也会有灰尘，密封保存也就可以把贝壳和灰尘隔离开。小小灰尘看似不会产生什么害处，但如果长期让贝壳暴露在灰尘中则会对贝壳造成影响。一方面清理积聚的灰尘很容易磨损贝壳的表面，特别是那些没有釉质的贝壳；另一方面灰尘中的一些成分也容易与贝壳的物质产生反应，从而损害贝壳的色泽。

　　减少触碰：自己喜欢的贝壳，往往喜欢拿在手里触摸把玩，然而，作为收藏品的贝壳最好少用手触碰。人们往往觉得手是干净的，但实际上人的皮肤表面会分泌很多油脂，手指也不例外，而贝壳接触到油脂则会加速褪色。所以为了保护贝壳藏品，不要经常用手触摸它。

防治拜恩病

　　贝壳也会生病？是的，拜恩病就是贝壳标本的常见病。"拜恩病"是一个贝壳收藏术语，它描述了贝壳被酸蒸气损坏的状况，由德国人拜恩（Byne）1899年最先在刊物上发表文章对此进行描述分析，也因而得名。尽管他论文中的许多内容后来被证实是错的，他当时把拜恩病的病因归结为细菌引起，给出的处理方法也不恰当，但这个名称却一直沿用至今。

　　一般来说，如果发现贝壳上有白色斑点就表明有可能是生了拜恩病，如果病症比较明显，贝壳局部或者全部会披上一层像白毛一样的东西。我们可以用舌头去舔一下，如果感觉到有很强的醋酸味，那就可以肯定是生病了。用舌头舔是一种比较可靠的方法，现在很多大型自然博物馆也都采用这个方法。其实当贝壳的拜恩病症状严重的时候，在打开装贝壳的容器的一瞬间就能闻到很强烈的酸味。如果贝壳已经出现了拜恩病的症状，要先用自来水对其冲洗，然后放到纯净水中浸泡至少 48 小时，中间每隔几个小时把水搅动一下，最好 12 个小时就彻底换一次水，而且务必要将水和贝壳表面已经形成的盐去除干净。拜恩病的防治需要在平时多加注意，贝壳收藏者要熟悉自己收藏的贝壳，梅雨天或者夏天，一定要检查一次贝壳，重点检查缝合线、肋间槽等凹陷处，对于双壳类可以检查铰合处。缝合线等处凹陷越深的贝壳越容易生拜恩病，这是由于这些深陷的缝隙中有沉积的盐的缘故，而盐是会大量吸潮的。大英自然历史博物馆的专家在把贝壳正式收藏前，总要用纯净水将贝壳充分地浸泡然后进行冲洗，目的就是要除掉其中的盐分。同时储藏贝壳标本的抽屉要经常打开换气，木头会缓慢释放酸气，因此通风是去除这些酸气的有效手段。在抽屉中放硅胶干燥剂也是很好的方法。

● 图为生拜恩病的贝壳标本

贝壳的鉴定

　　喜欢和收藏贝壳的爱好者，首先要学习和掌握一些贝类鉴定的知识，了解和认识一些常见的海贝。如果是买来的贝壳，卖家一般会提供鉴定信息，但如果是自己去海边采集的贝壳，就要自己进行鉴定了。下面具体介绍一下贝壳的鉴定过程。

● 贝壳尺寸的测量

　　在对贝壳进行清理之前，要仔细观察贝壳，最好先拍一张照片。在对贝壳清洗处理后，还要测量尺寸。接下来要做的是确定贝壳属于哪一科，腹足纲的贝壳形态、表面雕刻、螺旋部的高低、壳口形态等都是分科的主要鉴别特征；而双壳纲除观察贝壳的形态外，其铰合部的铰合齿数目、排列，外套窦和闭壳肌痕也是分科的重要依据。所以，要收藏贝类，一定要学习和了解贝类分类方面的一些基本知识，常备

● 分门别类存放标本有助于鉴定和查找

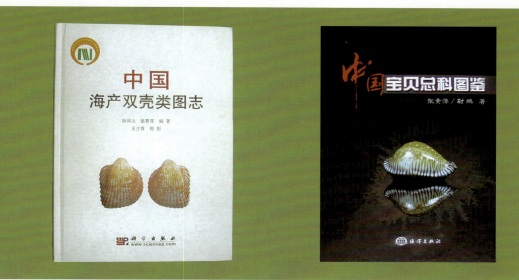

些贝类图谱等工具书也是非常必要的。通过查找贝类图谱，认真阅读相关文字描述，对照图谱描述的贝壳形态、大小、产地、生态环境等，看是否与自己的标本相吻合。

贝壳的图谱大概可分为三类。第一类是百科谱，汇集了各种各样的贝壳，经典的有 R. T. Abbott 和 P. Dance 所著的 *Compendium of Seashells*，收录了 4200 余种海贝。本丛书主编张素萍编著的《中国海洋贝类图鉴》也是一本非常全面专业的百科图谱。不过百科图谱虽然全面，但通常每种贝壳给的图片均非常有限，文字描述也较为简略。第二类是地域谱，一般描述某一个地域所产的贝类，几乎每个国家都有自己的地域谱，如我国有《南海双壳类》、《中国北部经济软体动物》和《黄渤海的软体动物》等专著。第三类是专科谱，集中展示某一科或几个相邻科的海贝物种，比如《中国宝贝总科图鉴》和《中国动物志：软体动物门》等专业贝类专著。

贝壳的标签与登记

要收藏贝壳，贝壳标签也必不可少。制作标签时，要尽可能完善标本的数据与信息，这样的贝壳标本才更完整。一个贝壳标本的标签一般包括以下内容：

● 标本编号：每个标本都要有一个编号，该编号相当于标本在藏品库中的"身份证号

码"，与标本唯一对应。该编号的编排可以直接用数字大小排序法，用自然数从小到大连续排下去；也可以用分类排号的方法，如编号的前三个字母是科名，再在科名后用数字大小排序法加入数字，方便索引。

中国科学院海洋生物标本馆

科　名 ....

种　名 ....

鉴定者 ....时间..............

● 中国科学院海洋生物标本馆鉴定标签

● 鉴定信息：包括科名、属名、种名。

Name: *Entemnotrochus rumphii*
Author: Schepman, 1897
Location: North East off Taiwan (Turtle isl)
Trawled at 80~120m deep by fishing boat

● 贝壳标本的标签

● 地理信息：要写上采集的地点，越精确越好，如果有GPS定位器，可以把经纬度标上。

● 生态信息：包括海贝的生态环境，如水深和底质状况（如沙底、泥底、岩石底等）都要标明。

中国科学院海洋生物标本馆

地点..................时间......年..月..日

站号.............................N........E

标本号.......................................

底质......................潮区............

取样面积......m² × 采集者.............

● 中国科学院海洋生物标本馆的潮间带采集标签

● 采集信息：包括采集时间、采集地、采集人、采集方法、采集数量等。

做好标签，排好编号后，就可以进行登记了，作为贝壳收藏者，最好要建立一套自己的标本管理系统，这样才能管理好数量众多的贝壳收藏品。

我们也可以为贝壳标本做一个书面登记册，当然更好的方法是运用电脑进行无纸化管理，即用 Excel、Access 等软件建立一个数据库。电脑数据库有着很强的检索功能，除了标签内容，其他和贝壳相关的信息也可以一并录入，方便以后查找。

● 保存与登记

小·贴·士

海贝的命名

由于历史原因，海峡两岸贝类学研究分成了两个相对独立的系统，中国台湾一直有着自己的贝类中文命名模式。在此，我们建议读者与贝类爱好者统一使用大陆所命名的贝类名称，以便于交流、识别。

著名贝壳博物馆揽胜

　　博物馆是典藏、陈列和研究能够代表自然和人类文化遗产实物的场所。海贝作为地球上最古老的生命形式之一，不仅是自然的珍宝，更有着科学研究、人文审美的价值。贝壳博物馆为散落各地的贝壳提供了一个相聚的家园，可让那些古老、珍稀、美丽的贝壳为更多的人们欣赏、了解。贝壳博物馆将贝壳进行科学的分类、展示，让公众在欣赏到贝壳的同时也学习到有关贝壳的科学知识。走进贝壳博物馆，感受贝壳所散发出的独特魅力，一定会让你在流连忘返，感叹大自然鬼斧神工的同时，爱上这些曾经静静躺在地球角落里的美丽生灵。

青岛贝壳博物馆

　　青岛西海岸新区的唐岛湾是一个水质洁净、碧波荡漾的海湾，无风时，这里的水面如同镜面，而成群的海鸥更使这里的风光绚丽多姿。青岛贝壳博物馆就坐落于美丽的唐岛湾畔，热情欢迎着来自五湖四海的游客。

　　青岛贝壳博物馆是以贝壳为主题，集贝壳研究、收藏、科普教育、文化旅游于一体的博物馆，面积约 2600 平方米，其贝壳沙滩 T 台独具特色，贯穿在整个贝壳博物馆中。

　　青岛贝壳博物馆主要由贝壳标本展示区、贝壳观赏区、儿童互动区、科教科普区、贝类商品展示区及贝类生物科学研究院六部分组成，展

● 青岛贝壳博物馆

藏来自太平洋、大西洋、印度洋、北冰洋及五大洲 60 多个国家的 5 个纲、262 科、4260 种贝壳标本和 130 种贝类化石，馆藏数量及硬件设施均处于国内领先水平。在这里既有号称"海贝之王"直径达 1 米的大砗磲，又有需用放大镜才能看到的小沙贝，还有 4.5 亿年历史可溯源到奥陶纪的鹦鹉螺化石。

贝壳沙滩 T 台独具特色

● 大砗磲

　　青岛贝壳博物馆的建设受到了国内外专家学者及社会各界人士的广泛关注。许多机构与个人先后为博物馆的建设提供了帮助，使其顺利筹建；青岛贝壳博物馆儿童贝壳基金的成立也得到了众多贝类爱好者和社会公益组织的广泛支持。青岛贝壳博物馆热衷于让科普教育更好地走进普通民众的生活，为科普教育事业的推进增添了更多的亮点。

馆藏珍品

　　龙宫翁戎螺：小尺寸的龙宫翁戎螺很常见，但尺寸大的极少，青岛贝壳博物馆所存展的龙宫翁戎螺标本直径达20厘米以上，且保存完好，在全国都属罕见，实为镇馆之宝。

● 龙宫翁戎螺

　　鹦鹉螺化石：鹦鹉螺是极其珍贵的贝类，最早发现于寒武纪晚期，奥陶纪最盛，现生种类有"活化石"的美誉。青岛贝壳博物馆中的鹦鹉螺化石来自马达加斯加，形成于4.5亿年前，既有左旋螺化石外还有右旋螺的化石，后者更是珍贵。

● 菊石

● 鹦鹉螺

● 菊石和鹦鹉螺化石

大连贝壳博物馆

　　大连贝壳博物馆位于大连市星海广场东南角，集贝壳研究、收藏、展览、科普教育和文化旅游于一体。博物馆的建筑面积约为 16000 平方米，展厅面积近 9000 平方米，于 2009 年开放，是亚洲展品最多的贝壳博物馆。其建筑风格非常有特色，外形是贝壳的形状，让人一看就知道它与贝壳有极为密切的联系。而其原址"星海城堡"就在其附近，是一个城堡式的建筑，让人印象深刻，现在的贝壳博物馆取代了原本的"星海城堡"，去参观的朋友千万不要走错地方哟！

　　大连贝壳博物馆共有来自世界各地的海洋珍奇贝壳 5000 多种，其中大部分来自于著名贝壳收藏家张毅先生 30 年的个人收藏，这些收藏既包括来自新西兰、阿根廷、西班牙、

● 大连贝壳博物馆外形很像贝壳

●精美船蛸标本

●大砗磲

摩洛哥、马来西亚、斐济、菲律宾等四大洋三十几个国家的个人采集，也包括全球范围的收购，更有来自日本、中国台湾和美国的贝类学家、贝类学会及贝壳收藏家的馈赠与交流。这里展品品质高、珍稀品种多，深受贝类爱好者的青睐。

大连贝壳博物馆建筑风格、展示内容、功能设施也体现了大连这座城市的风格、品位，曾获得大连市旅游精品奖、全国科普教育基地等荣誉。大连贝壳博物馆是传承我国贝壳文化的重要载体，也是展现大连城市形象和发展海洋文化的重要组成部分。

泰国普吉岛贝壳博物馆

普吉岛是泰国最大的海岛，也是泰国最小的一个府，位于泰国南部马来半岛西海岸外的安达曼海，以其迷人的风光和丰富的旅游资源被称为"安达曼海上的一颗明珠"，它有着宽阔美丽的海滩、洁白无瑕的沙粒及翡翠般碧绿的海水，海水清度和浮潜能见度极佳，是不可多得的旅游好去处。

普吉岛贝壳博物馆坐落于普吉岛的西南岸，于1997年开馆，由 Somchai Patamakanthin 及其兄弟花费了40多年时间所建立。因收藏有一些独一无二、具有极高价值的贝壳而知名，深受贝壳爱好者的喜爱。普吉岛贝壳博物馆内收藏有2000多种贝壳，是泰国最重要的博物馆之一。馆内收藏了世界各地为数众多的珍稀贝壳和化石，大多来自普吉岛及泰国周边海域，其中采自安达曼海的南洋珍珠尤为迷人。

● 贝壳展示

● 贝壳展示

　　馆内还展出了世界上最大的、最罕见的金色珍珠，大块的含有贝壳化石的水成岩，地球最早期生物的化石，以及一个重达 250 千克的巨大贝壳，让人大开眼界。

　　在领略了泰国普吉岛秀丽的海滩风光后，一定记得去参观这所贝壳博物馆哟，这里的贝壳也许会让你更深刻地感受到海贝这类海洋生物的独特魅力。

● 普吉岛海岸

美好心愿的实现总是要付出艰辛的努力，采集一枚美丽贝壳的过程往往会有许多不易，编著此书的过程中同样也遇到了种种困难。在此，感谢给予本系列书帮助的各位专家、朋友和贝友。希望这本书能给予你有关贝壳采集与收藏方面的帮助，让你能够以最好的方式留下海贝最完整的美丽。愿你的世界因为有了海贝的点缀而更加精彩！

图书在版编目（CIP）数据

海贝采集与收藏 / 冯广明主编. —青岛：中国海洋大学
出版社，2015.5 （2018.3重印）
（神奇的海贝 / 张素萍总主编）
ISBN 978-7-5670-0843-4

Ⅰ.①海… Ⅱ.①冯… Ⅲ.①贝类－采集－普及读物
②贝类－收藏－中国－普及读物 Ⅳ.①S979-49
②G894-49

中国版本图书馆CIP数据核字（2015）第043230号

海贝采集与收藏

出 版 人	杨立敏		
出版发行	中国海洋大学出版社有限公司		
社　　址	青岛市香港东路23号		
网　　址	http://www.ouc-press.com	邮政编码	266071
责任编辑	赵　冲 电话 0532-85902495	电子信箱	zhaochong1225@163.com
印　　制	青岛正商印刷有限公司	订购电话	0532-82032573（传真）
版　　次	2015年5月第1版	印　　次	2018年3月第2次印刷
成品尺寸	185mm×225mm	印　　张	7.5
字　　数	60千	定　　价	23.80元

发现印装质量问题，请致电18661627679，由印刷厂负责调换。

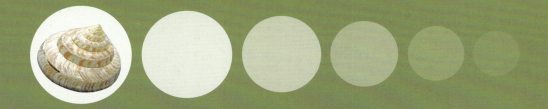